Karin Actun

Hundefrisbee

Flinke Scheiben,
flotte Sprünge

KOSMOS

*Unter **www.kosmos.de** finden Sie die wichtigsten Würfe als Film. Jetzt anschauen und nachmachen.*

Zum Geleit

Bereits als ich Karin Actun zum ersten Mal auf einem meiner Seminare kennengelernt habe, fiel mir auf, dass die Wettkampferfolge, die dieses Dreier-Team aufweisen kann, nicht im Vordergrund stehen, sondern die Freude, der Spaß miteinander und die Verbundenheit. Das sind bei Karin nicht nur Lippenbekenntnisse, sondern gelebte Partnerschaft. Die Wettkampferfolge der drei – Karin wollte sie an dieser Stelle nicht erwähnt haben –, aber ich finde es wichtig, dass gerade Menschen, die wie sie kein Sportobjekt im Hund sehen, mit ihren Tieren zusammen Erfolge haben und somit Zeichen setzen. Ben und Kira haben beide absolutes Vertrauen in ihr Frauchen, weil sie wissen, dass Karin nichts von ihnen verlangen würden, was sie nicht leisten können.

Ben hat Karins Leben auf außerordentliche Weise verändert und auf den Kopf gestellt, als sie ihn als ehemaligen osteuropäischen Streuner aufnahm. Er zeigte ihr sehr schnell, dass er kein „couch potato" ist, und zählte anfangs nicht gerade zu den einfachen Hunden. Karin hat nach der Ursache von Bens „Verhaltensproblemen" und nach einer Lösung gesucht und hat für Ben einen Sport gefunden, bei dem er seine Energie abbauen kann.

Aufgrund der Bindung, die die beiden durch den Sport entwickelt haben, wuchs eine besondere Freundschaft, die beider Leben bereicherte.

Karin Actun mit ihren beiden Frisbeetalenten Ben (links) und Kira (rechts).

Für Kira gibt es nichts Schöneres als fliegende Scheiben. Sie ist mit Feuereifer bei der Sache.

Ben entwickelte sich zu einem außergewöhnlichen Hund, weil Karin ihn mit sehr viel Achtsamkeit behandelte, genau hinschaute, was ihn zu Handlungen führte, die aus menschlicher Sicht „ungehorsam" waren, eine Achtsamkeit, die Ben zurückgab und die beim Frisbee zu ihrer Perfektion findet.

Kira brennt vor Eifer, ihre Frisbee-Beute zu fangen, sie als agiler Australian Shepherd braucht diese Anregung und genießt sie. Unvorstellbar, dass Kira als „Gassi-Geh-Hund" leben müsste.

Frisbee ist eine wunderbare Möglichkeit, den Beute-Instinkt der Hunde zu befriedigen, die Zusammenarbeit und damit die Bindung zwischen Mensch und Hund zu stärken. Die Aufmerksamkeit, die der Mensch dabei dem Hund schenkt, kommt ebenso vom Hund zurück. Ben und Kira zeigen das im Alltag, ganz abgesehen vom eigentlichen Sport. Der Sport befriedigt ihre hundlichen Bedürfnisse, alle drei haben einen „tierischen" Spaß miteinander – ich würde es so vielen Hunden gönnen, die von Langeweile geplagt sind.

Das Buch ist übersichtlich gestaltet, die Übungen leicht nachzuvollziehen, da Karin sie mit ihrer großen Erfahrung, auch aufgrund der Seminare, die sie gibt, in kleine Schritte unterteilt hat. Karin geht auch darauf ein, dass gerade der Frisbee-Sport entgegen der landläufigen Meinung ohne extreme Belastungen für den Bewegungsapparat betrieben werden kann. Tolle actiongeladene Fotos, die gleichzeitig den Esprit und die Freude miteinander deutlich demonstrieren, zusammen mit Karins Erläuterungen, machen dieses Buch zu einer großen Hilfe für Menschen und Hunde, die auf der Suche nach Gemeinsamkeiten sind.

Ihre
Karina Heuzeroth
www.tiergefuehle.de

Zu diesem Buch

Ich durfte in den vielen Jahren, in denen ich bereits Hundefrisbeeseminare gebe, viele tolle Menschen kennenlernen, die, genau wie ich, ihren Hund lieben und schätzen.
So wie ich vor vielen Jahren nach einer Auslastung für meinen Hund gesucht habe, machen auch diese Menschen sich die Mühe und überlegen, was sie tun können, damit ihr vierbeiniger Freund ausgeglichener ist und wie sie miteinander Spaß haben können. Aus rein egoistischen Gründen fangen die wenigsten Hundebesitzer an, mit ihrem Hund Hundesport zu betreiben. Wie viele Neulinge des Hundefrisbeesports, habe auch ich mich anfangs gefragt, ob dieser Sport nicht ungesund ist, da man immer wieder hört, wie schädlich Sprünge für die Gelenke seien. Nach mittlerweile neun Jahren regelmäßigen Trainings mit meinem Hund Ben und den langjährigen Erfahrungen aus meinen Seminaren, kann ich ruhigen Gewissens sagen, dass Hundefrisbee den Hund gesund hält, wenn der Sport richtig betrieben wird. Ben hat spätestens 2010 mit seinen sportlichen Erfolgen – selbst noch im Alter von 11 Jahren – bewiesen, dass Frisbeehunde lange gesund und fit sein können. Er ist 2010 zum sechsten Mal deutscher Meister geworden.

Beim korrekten Frisbeespiel bleiben Hunde fit.

Sprunggewaltig

2006 ist das Buch „Bewegungstherapie für Hunde in Hundesport und Rehabilitation" der Tierärztin Dr. Sabine Mai erschienen, in dem sie damit aufräumt, dass Sprünge für einen Hund unnatürlich seien. So schreibt sie: „Der Sprung über Hindernisse oder auf bestimmte Gegenstände, wie z. B. das Bett des Besitzers, ist nur mehr eine verstärkte und einzeln ausgeführte Bewegung, die einem Galoppsprung gleicht. Der Hund ist durch seine gewinkelte Hinterhand, die zum Rücken hin bewegliche Wirbelsäule, die Sensibilität der Pfoten, die den Aufprall nach dem Sprung gut dämpfen und ausgleichen können, geradezu prädestiniert zum Springen." (S. 137) Sicher ist diese Aussage kein Freibrief dafür, den Hund beim Hundefrisbee einer übertriebenen Belastung auszusetzen. Sicher kann auch der Frisbeesport, wie jeder andere Sport auch, falsch betrieben und damit gesundheitsschädlich werden.

Häufiger als beim Sport verletzen sich Hunde beim unbedachten Spiel: Zum Beispiel beim Stöckchenwerfen, wenn der Hund nicht warm ist, springt, abrupt abbremst oder sich verdreht. So leiden z. B. viele Hunde unter frühzeitigem Gelenkverschleiß, weil die Besitzer jahrelang den Ball geworfen haben, ohne zu wissen, wie schädlich die dabei gemachten harten Stopps für die Gelenke des Hundes sind.
Von daher begrüße ich eine gewisse Skepsis, was die Gesundheit beim Hundefrisbee betrifft, sehr, da es zeigt, dass der Hundebesitzer seinen Hund liebt und sich Gedanken macht. Wie Hundefrisbee richtig ausgeübt werden kann und was optimale Landungen sind, werde ich in diesem Buch erläutern.

Ergänzend können Sie sich Filme über die wichtigsten Wurftechniken von der Kosmos Homepage herunterladen oder meine Trainings-DVD beziehen. Wenn Sie Gefallen am Spiel mit Hund und Scheibe gefunden haben, empfehle ich Ihnen, ergänzend in eine Hundefrisbeegruppe zu gehen. Ein erfahrener Hundefrisbeetrainer kann Ihnen Rückmeldung geben und Hilfestellung leisten, außerdem macht es in der Gruppe mit Gleichgesinnten noch mehr Spaß.
Beherrscht man die Grundlagen beim Hundefrisbee, kann man den Sport individuell betreiben. Der tolle Nebeneffekt ist, dass Hundefrisbee Spaß macht und die Bindung stärkt. Ich wünsche Ihnen eine schöne Zeit und viel Spaß mit Ihrem Vierbeiner beim Frisbee!

Eine gute Wurftechnik ist die halbe Miete.

Frisbee macht auch ohne Sprünge Spaß.

Der Hunde-frisbeesport

Wie Hundefrisbee entstand

Hundefrisbee bietet jedem gesunden und spielfreudigen Hund eine tolle Beschäftigung, die ihn geistig und körperlich auslastet. Um Verhaltensauffälligkeiten, die aus einer Unterbeschäftigung resultieren können, vorzubeugen, ist Hundesport gerade für sehr aktive Hunde wichtig. Zudem festigt Hundefrisbee die Mensch-Hund-Beziehung.

Individuell und flexibel

Hundefrisbee ist ein sehr flexibler Sport, der auf jeden Hund ganz nach seinen Vorlieben und Fähigkeiten zugeschnitten werden kann. Ob der Sport mit einfachen Würfen, mit verschiedenen Elementen wie z. B. Sprüngen über den Körper des Menschen oder später sogar mit einer einstudierten Kür betrieben wird, bleibt jedem selbst überlassen. Außerdem kann der Sport sogar ganz ohne Sprünge betrieben werden.

Der Roller eignet sich gut für den Einstieg und bietet sich für Hunde an, die nicht springen sollen.

Die Geburtsstunde des Hundefrisbees

Seinen Ursprung hat Hundefrisbee in den USA und wurde durch Alex Stein und seinen Hund Ashley Whippet bekannt. Am 5. August 1974 schlich sich der damals 19-jährige Student mit Ashley in der Pause eines entscheidenden Baseballspiels zwischen den „Dodgers“ und den „Reds“ im Dodger Stadium in Los Angeles auf das Feld und spielte acht Minuten lang mit seinem außergewöhnlich talentierten Hund Ashley Frisbee. Dabei erntete er tobenden Applaus der Zuschauer, wurde jedoch direkt nach seiner unaufgeforderten Darbietung verhaftet. Die Übertragung des Spiels im US-amerikanischen Fernsehen weckte so großes Interesse bei den Zuschauern, dass dieses Ereignis zur Geburtsstunde des Hundefrisbeesports und Ashley Whippet über Nacht weltberühmt wurde. Alex Stein tat sich mit Eldon McIntire, der mit seinem Hund Hyper Hank schon länger Frisbee spielte als er, zusammen und reiste durch ganz Amerika, um Shows zu geben und den Sport bekannt zu machen.

Alex Stein mit Ashley Whippet: Die beiden haben den Frisbeesport ins Leben gerufen.

Auf Turnieren werden ausgeklügelte Küren mit verschiedenen Elementen gezeigt.

Wettkämpfe

1975 starteten die ersten Hundefrisbee-Weltmeisterschaften in den USA. In den Anfängen bestand der Sport lediglich aus wenigen Würfen, entwickelte sich jedoch schon bald zu einem komplexen Sport mit vielen verschiedenen Elementen. 1988 wurden zum ersten Mal Körperabsprünge – die sogenannten Vaults – auf Meisterschaften gezeigt.

In Deutschland wird der Sport seit ca. 1997 betrieben und gewinnt immer mehr begeisterte Anhänger. Mittlerweile organisieren viele Clubs und Vereine Wettkämpfe in Deutschland. Viele übernehmen die Regeln von einer der drei größten amerikanischen Organisationen. Diese sind: UFO (United Frisbee Organisation), USDDN (U.S. Disc Dog Nationals) und Skyhoundz. Es gibt in Deutschland auch eine eigene Frisbeeorganisation, die Eurodiscdogs, die mittlerweile ein eigenes Reglement hat.

Oben sieht man den Bridgevault, links den Kneevault im Knien.

Geeignete Wurfscheiben

Zum Frisbeespielen sollten nur spezielle Scheiben verwendet werden. Dabei ist nicht jede Scheibe, die im Zoofachhandel erworben werden kann, zu empfehlen. Viele dieser Scheiben sind zu hart und können den Hund verletzen.

Geeignete Hundefrisbees

Eine geeignete Hundescheibe erfüllt folgende Kriterien:

- die Scheibe ist weich, gibt auf leichten Druck nach und lässt sich biegen
- die Scheibe hat abgerundete Ränder (scharfkantige Scheiben können das Zahnfleisch des Hundes verletzen)
- die Scheibe wiegt nicht mehr als 145 Gramm
- die Scheibe ist in sich stabil, wabbelt also nicht hin und her, wenn man sie in der Hand hält und hat ein erhöhtes Zentrum – dies führt dazu, dass die Scheibe langsam sinkt, weil sich im Flug ein Luftpolster unter der Scheibe bildet.

Scheiben für Einsteiger

Anfängern kann ich folgende bissfeste Scheiben besonders empfehlen:

> 1. Dog Activity Disc Diese Scheibe ist sehr weich, bissfest und hat eine sehr gute Flugeigenschaft. Sie ist perfekt für Anfänger. Gewicht: 145 Gramm, Durchmesser: 23 cm.

> 2. Nylonscheibe Die Nylonscheibe mit Rand sinkt besonders langsam, da sie sehr leicht ist. Ideal für Hunde, die nicht zu den reaktionsschnellsten zählen und für Hunde, die die härteren Scheiben nicht so gern mögen.

Seit einigen Jahren gibt es auch bissfeste Profischeiben für Hunde, die einen harten Biss haben. Diese haben einen höheren Gummianteil als Standardscheiben und dadurch eine wesentlich längere Haltbarkeit.

Standardscheiben

Standardscheiben haben den Vorteil, dass sie eine etwas bessere Flugeigenschaft als bissfeste Scheiben haben, da sie leichter sind. Sie sind nur für Hunde mit weichem Biss geeignet, da sie ansonsten sehr schnell durchgebissen werden.
Von den Standardscheiben kann ich Folgende empfehlen:

> 3. Eurodisc Die Eurodisc hat sehr gute Flugeigenschaften, vor allem auch bei Wind. Gewicht: 110 Gramm, Durchmesser: 23 cm.

> 4. Hero Sonic Extra Die Hero Sonic ist etwas weicher und kleiner als die Eurodisc. Gewicht: 90 Gramm, Durchmesser: 21,5 cm.

Welche Scheibe für welchen Hund?

Pauschal kann man nicht sagen, für welchen Hund eine bissfeste und für welchen eine Standardscheibe besser geeignet ist. Das ist von Hund zu Hund unterschiedlich und in erster Linie vom Temperament des Hundes abhängig. Wenn man sich nicht sicher ist, ob der Hund einen weichen oder harten Biss

1. Dog Activity Disc
2. Nylonscheibe
3. Eurodisc

hat, empfehle ich immer, anfangs eine günstige Standardscheibe auszuprobieren. Sollte diese schnell wie ein Sieb aussehen, ist eine bissfeste Scheibe auf längere Sicht gesehen günstiger, weil sie wesentlich länger hält.

Für kleine Hunde

Für kleine Hunde gibt es auch kleinere Scheiben:

> 5. Hero 160 Diese Scheibe wiegt 40 Gramm und hat einen Durchmesser von 16 cm.

> 6. Hero 120: Diese Scheibe ist für die ganz Kleinen gedacht. Sie wiegt 23 Gramm und hat einen Durchmesser von nur 12 cm.

Scheibenpflege

Bei allen Kunststoffscheiben sollten die Ränder nach der Nutzung auf scharfe Kanten kontrolliert und diese gegebenenfalls mit Schmirgelpapier entfernt werden. Sollten die Scheiben mit Sand oder Erde verdreckt sein, sollten sie gereinigt werden, da Sand und Dreck den Zahnschmelz des Hundes auf Dauer abschmirgeln können.

4. Hero Sonic Extra
5. Hero 160
6. Hero 120

Fit für den Sport?

Wie bei jedem anderen Sport müssen die Athleten fit sein. Für den Hund bedeutet das, dass er ausgewachsen und schlank, frei von Gelenkerkrankungen sein und über eine gewisse Grundkondition verfügen sollte.

Gesundheitscheck

Bevor der Sport auch mit den Elementen betrieben werden kann, die hohe Sprünge beinhalten, sollte der Hund ausgewachsen sein und unbedingt dem Tierarzt vorgestellt werden. Der Hund sollte gesund und frei von Gelenkserkrankungen sein. Deshalb ist das Röntgen der Wirbelsäule, Hüfte und Ellbogen sehr zu empfehlen. Zudem sollte der Hund kein Übergewicht haben, da dies eine unnötige Mehrbelastung für die Gelenke ist. Es empfiehlt sich, mit sehr großen Hunden generell keine hohen Sprünge zu machen, weil die Belastung aufgrund des hohen Körpergewichtes wesentlich größer ist als bei einem kleinen Hund. Da der Sport jedoch auch ohne Sprünge ausgeübt werden kann, ist er auch für große Hunde geeignet.

Tipp

Eingerenkt
Es empfiehlt sich, den Sporthund präventiv zweimal im Jahr von einem Chiropraktiker, Osteopathen oder Dorntherapeuten behandeln zu lassen, um eventuelle Blockaden der Wirbelsäule frühzeitig zu beseitigen und somit Folgeschäden zu vermeiden.

Nala ist startklar, sie erfüllt alle Voraussetzungen eines Frisbeehundes.

Wann geht es los? Auch Warten will gelernt sein und das kann man schon in jungen Jahren üben.

Individuell betreiben

Nicht jeder Hund erfüllt die Voraussetzungen, um alle Elemente des Hundefrisbeesportes, wie z. B. Sprünge vom Körper des Menschen machen zu können. Das kann zum einen daran liegen, dass der Hund zu schwer dafür ist, bestimmte Elemente nicht mag oder der Körperbau nicht ideal ist (z. B. ein langer Rücken) und man aus diesen Gründen bestimmte Elemente oder alle Elemente mit hohen Sprüngen vermeiden möchte. Dennoch können die Hunde viel Spaß mit ihren Menschen beim Hundefrisbee haben, denn der Vorteil liegt darin, dass der Sport ganz individuell betrieben und an den jeweiligen Hund angepasst werden kann.

Konditionstraining

Regelmäßiges Konditionstraining und damit auch Muskelaufbautraining ist für Sporthunde sehr wichtig. Denn nur ein gut bemuskelter Hund kann Sprünge

Eine gute Kondition gehört zum Sport dazu.

Flache Würfe fängt der Hund auch im Laufen.

Eine gute Landung ist gelenkschonender.

optimal abfedern und somit die Gelenke entlasten. Für das Muskelaufbautraining eignet sich Laufen auf weicherem Boden. Auch Fahrradfahren, wobei der Hund im lockeren Trab nebenherläuft, ist gut geeignet. Achten Sie bitte auf ein langsames Tempo. In der warmen Jahreszeit ist Schwimmen eine gute Möglichkeit, um die Muskulatur zu trainieren.

Die Landungen müssen beim Hundefrisbee unbedingt beachtet werden, denn der Sport kann nur schonend betrieben werden, wenn die Landungen nicht überwiegend vorder- oder hinterlastig sind. Um Verletzungen im Sport zu vermeiden, sollte der Hund aufgewärmt und abgekühlt werden und der Boden optimal beschaffen sein. Zudem sollte man das Training nicht übertreiben. Auf die einzelnen Punkte gehe ich nun im Folgenden genauer ein.

Sprünge und Landungen

Hundefrisbee kann auch ohne Sprünge betrieben werden. Mit etwas Übung kann man die Scheibe so flach werfen, dass der Hund sie aus dem Lauf heraus fangen kann. Die Scheibe sollte dabei jedoch nicht zu niedrig fliegen, denn wenn die Scheibe auf dem Boden landet, bevor der Hund sie erwischt hat, muss er abrupt stoppen. Harte Stopps, wie sie auch beim Bällchenspielen häufig vorkommen, belasten die Vorderhand des Hundes und stauchen die Wirbelsäule. Das ist auch der Grund, weshalb Bällchenspielen oftmals viel gelenkbelastender ist als korrekt ausgeführter Hundefrisbeesport. Es gibt auch Hunde, die Sprünge von sich aus vermeiden und auch bei einem hohen Wurf warten, bis die Scheibe auf Augenhöhe herabgesunken ist, oder die Hinterhand beim

Fangen der Scheibe auf dem Boden lassen. Falls der Hund beim Hundefrisbee springen sollte, muss man auf eine richtige Landung achten.

Richtig springen

Der Hund stößt sich beim Sprung mit der Hinterhand vom Boden ab, Kopf und Oberkörper befinden sich oberhalb der Hinterhand (1). Um richtig zu landen, verlagert er nun den Schwerpunkt (2 + 3). Bei einer optimalen Landung setzt der Hund zuerst mit den Vorderläufen auf, unmittelbar danach „landen" die Hinterläufe. Hierbei wird die Energie auf den kompletten Bewegungsapparat verteilt.

Landung auf der Vorderhand

Bei vorderlastigen Landungen fängt der Hund die Energie zum größten Teil mit der Vorderhand ab. Das kommt beim Hundefrisbee eher selten vor, kann jedoch nach einem Vault, bei dem die Scheibe zu niedrig geworfen wurde, auftreten, da der Hund auf dem Körper des Menschen den Kopf sehr tief halten muss, um in die Scheibe zu beißen. Auch bei einem „Flip", der falsch geworfen wurde, kann der Hund vorderlastig landen. Vorderlastige Landungen sollten vermieden werden, weil sie die Vorderhand des Hundes unnötig belasten und die Wirbelsäule stauchen.

Der Hund verlagert seinen Schwerpunkt während des Sprungs, indem er seinen Kopf absenkt.

Hinterhandlastige Landungen

Landet der Hund zuerst mit der Hinterhand, spricht man von hinterlastigen Landungen. Hinterlastige Landungen sollten auch vermieden werden, da sie die Wirbelsäule stauchen und sowohl Hüfte als auch Hinterhand unnötig belasten. Häufig passieren hinterlastige Landungen, wenn der Sprung des Hundes zu steil war und er es anschließend nicht mehr schafft, den Schwerpunkt zu verlagern. Mögliche Ursachen für steile Sprünge sind:

> Die Scheibe wird zu spät abgeworfen: Wird die Scheibe sehr spät abgeworfen, sodass der Hund fast unter der Scheibe ist, muss er steil springen, um sie noch fangen zu können (1). Die Scheibe sollte so geworfen werden, dass sie mindestens eine halbe Hundelänge vor der Schnauze des Hundes fliegt.

> Wurf in den Wind bzw. zu steiler Wurf: In diesem Fall ist der Rand der Scheibe, der zum Hund zeigt, nach unten geneigt. Damit der Hund in den Rand beißen kann, muss er direkt unter der Scheibe hochspringen (2).

> Die Scheibe fliegt zu hoch: Je höher die Scheibe fliegt, desto steiler springt der Hund, wenn er die Scheibe noch fangen möchte. Dabei wird es schwer für ihn, den Schwerpunkt vor der Landung zu verlagern (3).

Würfe in den Wind sollten vermieden werden.

Fehleranalyse

Selbst dem geübtesten Profi passiert es ab und zu, dass die Scheibe höher fliegt als geplant, sodass der Hund hinterlastig landen könnte. Wenn man die Ursache von hinterlastigen Landungen kennt,

Dieser Wurf ist etwas zu hoch geraten.

kann die Belastung generell vermieden beziehungsweise minimiert werden. Kommt es häufiger vor, sollte man analysieren, ob man in den Wind, zu steil, zu hoch, oder zu spät geworfen hat. Bei den Landungen sollten die hinterlastigen nicht überwiegen. Tritt es immer wieder auf, sollte man unter fachmännischer Anleitung Würfe und Landungen prüfen, um die Ursachen zu klären. Manchen Hunden fehlt die nötige Muskulatur im Nacken, Rücken und in der Hinterhand, um den Schwerpunkt während des Sprungs zu verlagern, und sie landen daher leicht hinterlastig. Gerade bei Hunden, die noch nicht so lang Frisbee spielen, ist die Muskulatur noch nicht so gut ausgebildet. Deshalb ist es bei Anfängerhunden besonders wichtig, möglichst niedrig zu werfen.
Landet der Hund auch bei guten Würfen häufig hinterlastig, kann ein Sprungtraining durchgeführt werden, wenn körperliche Ursachen wie eine Blockade in der Wirbelsäule oder Gelenkerkrankungen ausgeschlossen wurden. Eine Alternative zum Sprungtraining wäre, keine weiten, sondern nur kurze und flache Würfe und Elemente einzubauen, bei denen der Hund nicht springen muss.

Aufwärmen und Abkühlen

Man kann das Verletzungsrisiko minimieren, indem man den Hund vor dem Training aufwärmt. Durch das Aufwärmen wird die Muskulatur besser durchblutet und dadurch ist der Muskel eher in der Lage, sich zu dehnen. Gleichzeitig wird die Gefahr von Verschleißerkrankungen reduziert. Durch die Bewegung

Ein perfekter Wurf und ein guter Sprung.

wird vermehrt Gelenkschmiere in den Gelenken produziert, wodurch der Gelenkknorpel besser ernährt und die Gleitfähigkeit der Gelenke erhöht wird. Ein optimales Aufwärmtraining sollte mit steigender Intensität erfolgen und kann somit in verschiedene Phasen eingeteilt werden, und zwar in eine generelle und eine spezifische Phase.
In der Phase des generellen Aufwärmens sollte die Körperkerntemperatur durch einen ca. zehnminütigen Spaziergang erhöht werden. Diese Phase kann man mit Übungen abschließen, bei denen der Hund sich dehnt. Möglichkeiten hierzu sind unter Anderem:

> Der Hund läuft im Slalom zwischen den Beinen des Menschen.
> Der Hund streckt sich, indem er sich auf die Hinterbeine stellt.
> Der Hund dreht sich um die eigene Achse, links und rechts herum.
> Kopfbewegungen in alle Richtungen
> Pfötchen geben

Wichtig ist, dass der Hund die Übungen möglichst ruhig ausführen sollte. Es ist auch möglich, die Muskeln des Hundes zu dehnen, dass sollte man allerdings vorher unter fachmännischer Anleitung gelernt haben. In der zweiten Aufwärmphase, der spezifischen Phase, wird der Hund ca. 5 Minuten lang mit niedrigen Sprüngen und durch schnelles Laufen auf die Bewegungen beim Hundefrisbee vorbereitet. Hierfür eignen sich der Roller (Seite 30) und kurze flache Würfe.

Aufwärmen macht Spaß.

Wie wäre es mit einem Slalom durch die Beine?

Dauer des Aufwärmtrainings

Die Zeitangaben für die Aufwärmphasen hängen vom Trainingszustand des Hundes ab und sind deshalb nur grobe Richtwerte. Die Dauer des Warm up sollte auch der Außentemperatur angepasst werden. Bei kalten Temperaturen wird etwas länger aufgewärmt, bei warmen Temperaturen etwas kürzer.
Gegen eine kurze Pause nach dem Aufwärmen (in Form eines kurzen Spaziergangs) ist nichts einzuwenden, jedoch sollte innerhalb von 10 Minuten nach den Aufwärmübungen mit dem Training begonnen werden.

„Abklatschen" dient nicht nur zum Aufwärmen, es stärkt auch die Rückenmuskulatur.

Cool down

Nach dem Sport sollte der Hund die Möglichkeit haben, sich ein wenig abzukühlen (cool down). Dazu gehen Sie am besten ein Stück mit ihm spazieren. Dadurch können Stoffwechselprodukte besser abtransportiert werden als wenn der Hund sich direkt nach dem Sport hinlegt. Idealerweise sollte der Hund nach dem cool down seine normale Atemfrequenz erreicht haben, also genauso ruhig atmen wie vor dem Sport.

Spielfläche

Um Verletzungen bei Mensch und Hund zu vermeiden, sollte Hundefrisbee auf weichem Untergrund, der eben und frei von Löchern ist, betrieben werden. Auf matschigen Wiesen und auf feuchtem Laub sollte nicht trainiert werden, denn hier droht Rutschgefahr. Dass keine gefährlichen Gegenstände, wie z. B. große Stöcke, Scherben oder Steine auf dem Boden liegen sollten, versteht sich von selbst. Laufen Sie vorher die Fläche ab und entfernen Sie gegebenenfalls Steine und andere Hindernisse.
Die Fläche sollte weitläufig und frei sein, um zu verhindern, dass der Hund im Eifer des Gefechts gegen eine Parkbank oder einen Baum läuft, denn die Scheibe kann immer auch mal eine etwas andere Richtung einnehmen als gewollt.

Trainingseinheiten

Hundefrisbee ist ein anstrengender Sport für den Hund, bei dem er körperlich und geistig extrem gefordert wird. Deshalb sollten die Trainingseinheiten beim Hundefrisbee kurz gehalten werden. Es empfiehlt sich, nie länger als zwei bis fünf Minuten am Stück Frisbee zu spielen und Pausen einzubauen. Als Tageseinheit empfehle ich höchstens zehn Minuten, auf mehrere Trainingseinheiten verteilt. Viele Frisbeehunde müssen eher gebremst werden, weil sie von sich aus bis zur absoluten Erschöpfung spielen würden. Da der Hund jedoch nicht über die Folgen nachdenken kann, liegt die Verantwortung ganz beim Hundebesitzer. Die Trainingseinheiten sollten dem Gesundheitszustand, der Kondition und dem Alter des Hundes angepasst sein.

Optimal ist es, wenn der Sport mindestens zweimal in der Woche betrieben wird, weil sich ansonsten die Muskulatur bis zum nächsten Training wieder abbaut. Bei Hunden, die das Spiel mit den Scheiben mehr als zweimal die Woche brauchen, weil sie nicht anders ausgelastet werden können, sollte der Sport an einigen Tagen in der Woche ohne Sprünge betrieben werden, damit der Körper des Hundes die notwendige Regenerationszeit bekommt.

Für jeden Hund gibt es die passende Scheibe.

Frisbee mit Junghunden

Hohe Sprünge sollten vermieden werden, bis die Wachstumsphase abgeschlossen ist. Das bedeutet, dass der Hund je nach Rasse und Körpergröße 16 bis 18 Monate alt sein muss. Das Alter, in dem die Wachstumsfugen geschlossen sind, hängt von der Größe des Hundes ab. Bei sehr kleinen Hunden geschieht dies früher, bei sehr großen Hunden später.

Der Trend im Hundesport scheint sich so zu entwickeln, dass die Hunde immer früher an den Sport herangeführt werden. Viele Agilityhunde beherrschen bereits mit 18 Monaten alle Geräte, einige Frisbeehunde zeigen in diesem Alter schon eine vollständig einstudierte Kür mit Körperabsprüngen. Ich bin jedoch der Meinung, dass der Hund ausgewachsen sein sollte, bevor die ersten Elemente trainiert werden. Mit meinem Hund Ben habe ich im Alter von zwei Jahren mit dem Frisbee angefangen.

Seine Erfolge zeigen, dass es nicht notwendig ist, schon mit Junghunden Frisbee zu spielen und dabei zu riskieren, dass sie sich bei einer zu hoch geworfenen Scheibe verletzen könnten.

Basics ohne Sprünge

Bei sehr aktiven Junghunden kann man, wenn sie nicht anders auszulasten sind, auch schon ab einem Alter von sechs Monaten anfangen, die Grundlagen ohne Sprünge zu trainieren. Ich empfehle das Training dann jedoch unter fachmännischer Anleitung durchzuführen. Es ist vernünftiger, den Sport sehr kontrolliert und ohne Sprünge zu betreiben, als zu warten, bis sich der kleine Wildfang eine eigene Beschäftigung ausdenkt und zum Problemhund wird. Da Junghunde keine hohen Sprünge machen sollten, sollte der Schwerpunkt des Trainings darin bestehen, eine solide Basis zu schaffen. Dazu gehören: kontrolliert spielen mit festen Regeln, das Apportiertraining und warten lernen. Hunde, die bereits beim Anblick einer Wurfscheibe ausflippen, leiden nicht nur selbst unter Stress, sie gehen damit auch ihrem Besitzer auf die Nerven, der dann z. B. noch nicht einmal in Ruhe seine Frisbeetasche packen kann. Hat man einen aktiven Hund, sollte der Schwerpunkt darin liegen, ihn darauf vorzubereiten, Pausen und Wartezeiten stressfrei einhalten zu können. Viele können sich gar nicht vorstellen, dass auch sehr motivierte Frisbeehunde entspannt zuschauen können, wenn Scheiben durch die Luft zischen und der Hundekumpel an der Reihe ist. Auf meinen Frisbeeseminaren kann man an meinen beiden Hunden sehen, dass es durchaus machbar ist. Wie man dem Hund beibringt, zu warten, erkläre ich später im Kapitel „Warten lernen“.

Junghunde und Frisbee-Neulinge müssen erst mal Apportieren und Warten lernen.

Die Würfe

Wurftraining

Es gibt beim Hundefrisbee eine große Auswahl an verschiedenen Würfen. Jeder Frisbeesportler kann sich die Würfe aussuchen, die ihm am besten liegen. Man muss also nicht alle Wurftechniken beherrschen, die es gibt. Wichtig ist jedoch, dass alle Würfe, die in das Spiel mit dem Hund einbezogen werden sollen, vorher ohne ihn trainiert und sicher beherrscht werden.

Allgemeines zu den Würfen

Für jeden Wurf gilt, dass die Wurfscheibe mit festem Griff gehalten wird. Achten Sie dabei auch auf die richtige seitliche und vordere Neigung der Scheibe. Die Neigung sollte während der Wurfbewegung nicht verändert werden. Jeder Spieler entwickelt mit der Zeit seine ganz individuelle Art und Weise, die Würfe umzusetzen. Wie bei den meisten Dingen, gibt es auch hier keine allgemeingültige Gebrauchsanweisung, die für jeden Wurf und für jeden Werfer gilt. Mehrere Wege führen zum Ziel.

Wichtig!

Immer mit dem Hund
Bei allen Würfen sollte beachtet werden, dass man nie auf Distanz zum Hund, sondern immer in Laufrichtung des Hundes wirft.

Wenn die Würfe sitzen, kommt der Hund ins Spiel.

Drall und Beschleunigung

Jeder gute Wurf besteht aus den Faktoren Beschleunigung und Drall (Eigendrehung):

Durch den Schwung des Armes erhält die Wurfscheibe überwiegend ihre Beschleunigung, der Drall erfolgt durch eine schnelle peitschenartige Bewegung aus dem Handgelenk. Der Drall sorgt dafür, dass die Wurfscheibe stabil fliegt. Je schneller sich die Wurfscheibe dreht, desto stabiler ist ihre Flugbahn und desto langsamer sinkt sie. Die Flugbahn der Wurfscheibe wird durch verschiedene Faktoren beeinflusst und zwar durch die vordere Scheibenneigung (die auch als Nase der Scheibe bezeichnet wird), die Armbewegung und den Zeitpunkt, wann die Hand zum Wurf geöffnet wird:

> Wird die Nase der Scheibe nach oben gehalten (1) oder die Armbewegung nach oben ausgeführt, fliegt die Wurfscheibe steil nach oben.

> Wird die Nase der Scheibe nach unten gehalten (2) oder die Armbewegung nach unten ausgeführt, fliegt die Scheibe steil nach unten.

> Wird die Hand zu früh oder zu spät geöffnet, fliegt die Wurfscheibe entweder links oder rechts am Ziel vorbei.

Durch den Drall bleibt die Scheibe lange in der Luft und ist für den Hund leichter zu fangen.

Bei Wind bieten sich Übungen mit „Takes" an.

Der Wind

Auch der Wind nimmt Einfluss auf die Flugbahn der Scheibe:

> Wirft man mit Rückenwind, wird die Scheibe plötzlich nach unten gedrückt.

> Wirft man in den Wind, wird die Scheibe nach oben gedrückt.

Beides ist nicht sehr förderlich, wenn man mit dem Hund trainiert. Deshalb ist es wichtig, darauf zu achten, aus welcher Richtung der Wind kommt. Ideal ist es, wenn man seitlich zum Wind steht und mit Seitenwind spielt.

Wenn es windig ist, sollte die Scheibe mit viel Drall geworfen werden, damit sie stabil fliegt, da eine instabile Wurfscheibe vom Wind eher weggerissen wird als eine stabil fliegende. Bei starkem Wind wird jedoch auch die Flugbahn einer Scheibe mit hohem Drall verändert. Deshalb sollte ein Spieler, der nicht so viel Erfahrung hat, bei starken Wind auf weite Würfe verzichten. Je höher und weiter der Wurf, desto eher kann der Wind den Flug der Scheibe beeinflussen. Bei starkem Wind eignen sich stattdessen neben kurzen Würfen auch Elemente mit Hinhalten der Scheibe (= Takes) oder Roller mit Rückenwind. Wenn Sie auf Wettkämpfen starten möchten, sollten Sie sich eine Alternative zurechtlegen, die Sie spielen können, falls es zu windig für Ihre Kür sein sollte.

Auch Roller eignen sich bei windigem Wetter.

Werfen Sie sie am besten mit Rückenwind.

Roller

Der Roller ist als Einstiegswurf für Mensch und Hund gut geeignet. Er kann sowohl zum Aufwärmen als auch zum Spiel mit jungen Hunden genutzt werden, da die Wurfscheibe über den Boden rollt und der Hund nicht springen muss, um sie aufzunehmen.

Man kann den Roller mit dem Backhand- (1 + 2), Sidearm- (3 +4) oder Thumbergriff (5 + 6) abwerfen. Die einzelnen Griffe werden später bei den jeweiligen Würfen noch genauer erklärt. Zunächst wird die Scheibe mit gebeugten Ellenbogen in Richtung Wurfschulter geführt (7). Anschließend wird der Arm und dann das Handgelenk in einer fließenden Bewegung nach vorn gestreckt und die Wurfscheibe nach vorn geworfen (8). Damit der Roller gerade rollt, sollte das Handgelenk gerade gehalten werden. Handgelenk und Arm sollten beim Loslassen eine Linie bilden. Wird das Handgelenk nach links abgeknickt, macht der Roller eine Linkskurve und fällt schneller um. Wird das Handgelenk nach rechts abgeknickt, macht der Roller eine Rechtskurve und fällt dann um.

Vielen Anfängern fällt es leichter, den Roller aus der Hocke zu werfen, da die Scheibe schneller Kontakt mit dem Boden bekommt und dadurch weniger an Drall verliert.

Floater

Beim Floater fliegt die Wurfscheibe senkrecht nach oben. Der Floater gehört zu den Grundwürfen und wird beim Hundefrisbee häufig verwendet. Er wird sowohl genutzt, um Anfängerhunden das Fangen der Frisbeescheibe beizubringen, als auch bei Körperab- und -übersprüngen. Außerdem dient er als Grundlage zahlreicher Fortgeschrittenen-Würfe.
Beim Floatergriff liegt der Daumen auf der Scheibenoberseite (1), der Zeigefinger liegt unter dem Scheibenrand und die restlichen Finger liegen in der Scheibenunterseite (2).
Die Wurfscheibe wird gerade vor den Körper gehalten. Das Handgelenk ist dabei gebeugt. Während der Unterarm senkrecht nach oben geführt wird, wird das Handgelenk gestreckt und die Wurfscheibe ungefähr in Halshöhe nach oben geworfen (3 + 4).

1

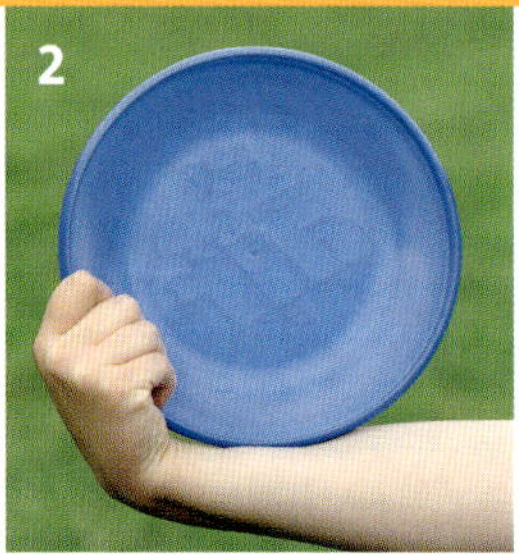

2

3

4

Backhand

Der Backhandwurf ist der klassische Rückhandwurf – sozusagen der Standardwurf. Beim Backhandwurf gibt es viele verschiedene Griffe.

Die häufigsten Backhand-Griffe sind

- Control Griff (1)
- Power Griff (2)
- Fork Griff (3)

Bei allen drei Griffen ist der Daumen auf der Scheibenoberseite (4).

Zunächst stellt man sich seitlich zum Ziel, sodass die Schulter des Wurfarms zum Ziel zeigt. Der Arm wird waagerecht zurück (5) und anschließend in einer geraden Linie nach vorn geschwungen (6–8). Kurz vor dem Ziel wird das Handgelenk schnell gestreckt und die Wurfscheibe geworfen.

Wichtig ist, dass das Handgelenk nicht überstreckt wird, wenn man die Scheibe loslässt. Arm und Daumen sollten eine Linie bilden (8). Während der gesamten Wurfbewegung wird das Gewicht nach vorn verlagert. Bevor die Scheibe losgelassen wird, sollte man unbedingt zum Ziel schauen.

Bei weiten Würfen hat die Scheibe die Tendenz, in der Luft in Drallrichtung zu kippen. Deshalb sollte sie mit einer Neigung entgegen der Kipprichtung geworfen werden. Somit hat der Backhandwurf des Rechtshänders die Tendenz, nach rechts zu kippen, da die Wurfscheibe einen Rechtsdrall erhält. Deshalb sollte die Scheibe mit einer Linksneigung abgeworfen werden.

5

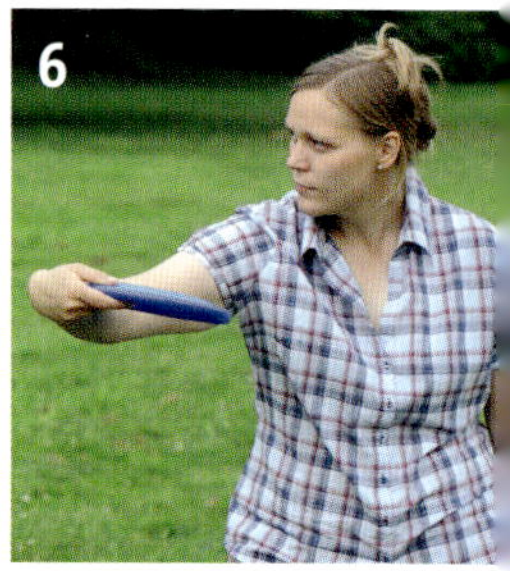

6

7

8

Wenn die Scheibe in der Luft wackelt, wurde oft zu wenig Drall auf die Scheibe gegeben. In diesem Fall sollte man versuchen, beim Abwurf mit einer schnelleren Bewegung aus dem Handgelenk mehr Drall auf die Scheibe zu bekommen, damit sie stabiler fliegt.

Backhand under the leg

Der Backhand-under-the-leg-Wurf gehört zu meinen Lieblingswürfen. Dadurch, dass der Wurf unter dem Bein abgeworfen wird, ist der under-the-leg-Wurf ein eher flacher Wurf. Er ist ideal, wenn man z. B. zu Beginn des Trainings sichergehen möchte, dass die Wurfscheibe nicht zu hoch fliegt.

Für den Wurf stellt man das Bein, unter dem die Wurfscheibe abgeworfen werden soll, nach vorn. Die Scheibe wird mit gebeugtem Handgelenk hinter die Kniekehle geführt (1) und durch ein schnelles Strecken des Handgelenkes neben dem Knie abgeworfen (2). Die Nase der Scheibe sollte leicht nach oben zeigen, doch ansonsten sollte sie gerade gehalten werden. Man kann den Backhandwurf sowohl unter dem rechten als auch unter dem linken Bein, im Stehen (3 + 4) oder im Knien abwerfen.

Chicken Wing

Der Chicken Wing ist ein leichter Wurf. Lediglich der Griff ist anfangs gewöhnungsbedürftig.

> Der Griff Der Daumen greift in den unteren Scheibeninnenrand und zeigt dabei nach links (1), der Zeigefinger liegt auf der Scheibenoberseite und der Mittelfinger liegt auf dem Außenrand (2).

> Die Wurfbewegung Die Wurfscheibe wird mit gebeugtem Handgelenk zur Wurfschulter geführt und gerade gehalten (3). Beim Wurf wird der Arm mit gebeugtem Handgelenk gerade nach vorn gestreckt. Kurz vor dem Ziel wird auch das Handgelenk gestreckt (4).

Thumber

Der Thumber gehört ebenfalls zu den leichten Würfen und eignet sich gut für Einsteiger.

> Der Griff Daumen und Daumenballen liegen im Scheibeninnenrand (5), die restlichen Finger liegen auf der Scheibenoberseite (6). Der äußere Scheibenrand ist nach unten gekippt und das Handgelenk ist leicht nach hinten überstreckt (7).

> Die Wurfbewegung Beim Wurf wird der Arm nach vorn gestreckt. Anschließend wird der Daumen mit einer peitschenartigen Bewegung nach vorn gestreckt und die Scheibe abgeworfen (8).

Sidearm

Der Sidearm ist der Vorhandwurf. Er gehört zwar zu den Anfängerwürfen, viele beherrschen ihn allerdings erst nach längerem Training.

> Der Griff Beim Sidearmgriff liegt die Fingerkuppe des Mittelfingers im Innenrand und der Zeigefinger stabilisiert die Scheibe, indem er unter der Unterseite der Wurfscheibe liegt (1). Der Daumen ist auf der Oberseite. Da die Wurfscheibe beim Sidearm wie beim Thumber Linksdrall hat und die Kipptendenz somit eher links ist, sollte der äußere Scheibenrand nach unten abgekippt sein.

> Die Wurfbewegung Zum Abwerfen der Scheibe werden das Handgelenk und der Mittelfinger zunächst nach hinten überstreckt (2). Anschließend wird der Unterarm leicht nach vorn bewegt und die Wurfscheibe dabei durch ein peitschenartiges Vorschnellen des Mittelfingers abgeworfen. Um den Sidearmwurf gut abwerfen zu können, ist es wichtig, einen besonders festen Griff einzunehmen und außerordentlich schnell mit dem Mittelfinger Drall auf die Scheibe zu geben. Der Sidearm ist ein Wurf, der überwiegend über den Mittelfinger beschleunigt wird. Der Arm schwingt hier nur leicht nach vorn. Achten Sie darauf, dass das Handgelenk beim Abwurf nicht nach links zeigt. Daumen und Arm sollten eine Linie bilden.

1

2

Overhand

Der Overhandwurf gehört zu den mittelschweren Würfen.

> Der Griff Beim Overhandgriff ist der Daumen im oberen Scheibeninnenrand (1). Der Zeigefinger liegt auf dem Scheibenaußenrand und die restlichen Finger befinden sich auf der Oberseite (2).

> Die Wurfbewegung Der Arm wird zunächst nach hinten gestreckt. Dabei wird das Handgelenk so weit nach hinten gebeugt, dass die Scheibe den Unterarm berührt oder auf dem Unterarm aufliegt (3).

Anschließend wird der Arm mit gebeugtem Handgelenk parallel zum Boden nach vorn geschwungen (4). Kurz bevor das Handgelenk zum Ziel zeigt, wird es mit einer schnellen Bewegung gestreckt und die Wurfscheibe nach vorn abgeworfen (5).

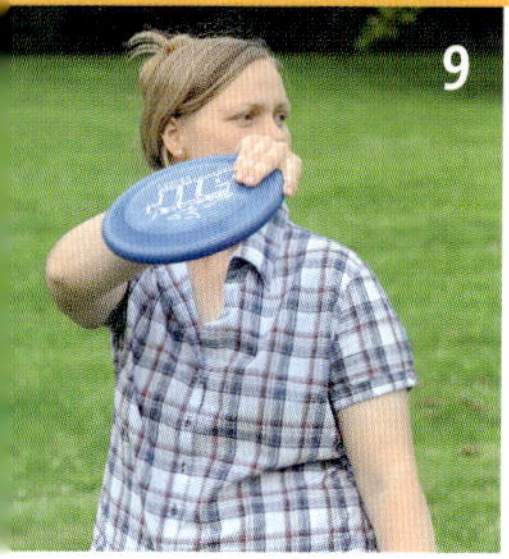

Wurfvariationen

Reverse Würfe

Der Sidearm-, Backhand- und der Overhandwurf können auch nach hinten abgeworfen werden. Dafür stellt man sich mit dem Rücken zum Ziel. Beim Sidearmwurf wird die Scheibe neben den linken Arm (6–8), beim Overhandwurf über der linken Schulter (9 + 10) und beim Backhandwurf nach rechts hinten abgeworfen (12 + 13).

Sidearm und Backhand under the leg

Sidearm- (13 + 14) und Backhandwurf (15 + 16) können auch unter dem ausgestreckten Bein im Stehen abgeworfen werden. Am leichtesten ist es, wenn das weiter von der Scheibe entfernte Bein nach oben gestreckt wird. Wichtig ist, dass zuerst das Bein gestreckt und dann die Scheibe unter das Bein geworfen werden sollte. Wenn beide Bewegungen gleichzeitig ausgeführt werden, ist es schwerer, das Gleichgewicht zu halten.

Basistraining
mit dem Hund

Lust auf Scheiben

Sie beherrschen die Würfe aus dem Effeff, die Scheiben fliegen präzise und Sie sind hoch motiviert. Nun gilt es, Ihren Hund für den Frisbeesport zu begeistern. Wie Sie seine Leidenschaft für fliegende Scheiben wecken, lesen Sie hier.

Interesse wecken

Wenn der Hund noch nie Frisbee gespielt hat, sollte er zuerst einmal mit der Wurfscheibe vertraut gemacht werden. Nehmen Sie die Scheibe in die Hand und führen Sie diese mit zappelnden Bewegungen in Augenhöhe des Hundes von ihm weg. Geben Sie ihm eine Chance, in den Rand beißen zu können.
Je nach Temperament wird sich der Hund entweder sofort für die Scheibe interessieren und begeistert versuchen, die „Beute“ zu erwischen, oder nur desinteressiert zuschauen. Bei Hunden, die sich nicht für die zappelnde Scheibe interessieren, muss das Beutefangverhalten aufgebaut werden. Um auch diese Hunde für die Scheibe begeistern zu können, ist es wichtig, erst einmal dort mit dem Hund zu spielen, wo die Ablenkung am geringsten ist, z. B. im Garten oder im Haus (natürlich ohne dass die Scheibe geworfen wird). Sensible Hunde mögen die weichen Scheiben besonders.

Diese Beute kann der Hund leicht erwischen.

Probieren Sie also, ob Ihrem Hund die Scheibe eventuell zu hart ist, und nehmen Sie eine sehr weiche Scheibe bzw. eine Nylonscheibe.

Keine Lust auf Scheiben?

Wenn der Hund auch dann keine Lust auf Frisbeescheiben hat, kann man sein Interesse durch folgende Tricks wecken:

> Lassen Sie Ihren Hund zuschauen, während andere Hunde Frisbee spielen. Manche Hunde möchten gern mitspielen und sind frustriert, wenn andere ohne sie Spaß haben. Das kann eine gute Ausgangssituation sein, um „das Eis zu brechen" und den Hund zu motivieren, in die Wurfscheibe zu beißen.

> Einige Hunde trauen sich anfangs nicht, die Scheibe aus der Hand des Menschen zu nehmen. Werfen Sie ein paar Roller (s. Seite 30), die der Hund aufnehmen kann.

> Manchmal hilft auch eine Spielpause, die ein paar Tage anhält. Räumen Sie währenddessen alle Spielsachen des Hundes für ein paar Tage weg.

Um die Wette gezogen

Es empfiehlt sich auch, Zerrspiele mit der Wurfscheibe zu machen, um das Beutefangverhalten des Hundes anzuregen. Dabei sollten Sie allerdings nur horizontal zerren, nicht auch nach oben und unten. Sobald sich der Hund für die Wurfscheibe interessiert und begeistert in sie hineinbeißt, wenn Sie ihm die Scheibe anbieten, sollten die Zerrspiele wieder eingestellt werden. Sonst kann es später zu „Aus"-Problemen kommen.

Die meisten Hunde lieben den Roller. Er ist für Anfänger und für das Aufwärmtraining ideal.

Zerrspiele steigern das Interesse an der Scheibe, sollte der Hund noch nicht so recht wollen.

Kleine Spieleinheiten

Spielen Sie immer nur kurze Zeit Frisbee mit Ihrem Hund, wenn er eher zu den unmotivierten Kandidaten gehört. Man sollte immer dann aufhören, wenn es am schönsten ist. Das kann bei Hunden, die nur vier Sekunden lang Spaß an der Scheibe haben, schon nach zwei Sekunden sein. Die Einheiten lassen sich jedoch schnell verlängern, weil sich die Motivation und die Konzentrationsfähigkeit des Hundes von Mal zu Mal erhöht. Oft ist die Erwartungshaltung viel zu hoch, und das bremst die Hunde. Geben Sie Ihrem Hund Zeit und loben Sie ihn überschwänglich, wenn er motiviert bei der Sache ist.

Mit Leckerchen belohnen?

Immer wieder habe ich Teilnehmer in meinen Kursen, die ihren Hunden beim Hundefrisbee ein Leckerchen für gute Leistung zustecken. Ich halte es jedoch für kontraproduktiv, Leckerchen zu geben, denn durch das Leckerchen wird nur das Fressverhalten angesprochen, wir wollen jedoch das Beutefangverhalten aufbauen. Gleichzeitig spielen und fressen geht nicht. Häufig zeigen die Hunde nach dem Leckerchen alle möglichen Kunststückchen, um noch ein Leckerchen zu bekommen. Das Spiel mit der Scheibe ist nur noch zweitrangig. Deshalb sollten die Leckerchen im Spiel mit der Scheibe in der Tasche bleiben. Beim Hundefrisbee dient die Wurfscheibe als Belohnung. Gern können Sie Ihren Hund verbal loben, wenn er eine gute Leistung gezeigt hat. Meiner Erfahrung nach reagieren die meisten Hunden sehr gut auf das Lob, gerade bei Hunden, die vorsichtig oder unsicher sind, ist es sehr hilfreich, sie mit freundlichen Worten zu motivieren.

Warten lernen

Oft sieht man im Hundesport Hunde, die ungeduldig auf ihren Einsatz warten und dabei ohrenbetäubend bellen. Wenn man Hundefrisbee in einer Gruppe trainieren möchte, sollte der Hund auch ruhig warten können, bis er an der Reihe ist. Hinter dieser Fertigkeit steckt allerdings ein intensives Training, das auf den ersten Blick nicht zu erkennen ist.

Ganz schön ignorant

Viele Hundebesitzer ignorieren es, wenn ihr Hund ungeduldig bellt oder an der Leine zerrt und zappelt, während er angebunden warten muss, und hoffen, dass sich das Verhalten von allein gibt. Sicherlich gibt es einige wenige (meist träge) Hunde, die irgendwann zur Ruhe kommen und sich ruhig hinlegen, doch die meisten Hunde legen ihr „Frustverhalten" weiterhin an den Tag, während sie warten müssen, weil sie das Warten negativ verknüpft haben. Dazu sollte es erst gar nicht kommen. Ein Hund, der beim Warten Stress zeigt, ist meist auch im anschließenden Training hektisch und neigt eher zu unkontrollierten Bewegungen, was das Verletzungsrisiko unnötig erhöht. Damit der Hund beim Sport „Dampf" ablassen kann, ist es wichtig, dass der Besuch des Hundeplatzes nicht zum Dauerstress für Hund und Mensch wird. Wenn man den Luxus genießen möchte, dass der Hund entspannt im Auto oder in seiner Box wartet, bis er an der Reihe ist, sollte dieses Training anfangs im Vordergrund stehen.

In der Ruhe liegt die Kraft

Der Hund sollte daran gewöhnt werden, in seiner Box oder im Auto zu warten. Man fängt erst mit dem Frisbeetraining an, wenn sich der Hund ruhig verhält. Deshalb sollten die Wartezeiten anfangs sehr kurz gehalten und langsam gesteigert werden. Man kann den Hund auch während der Wartezeit etwas füttern, das nicht schwer im Magen liegt. Es ist wichtig, dass der Hund vor dem Sport keine großen Mengen Futter und auch keine schwer verdauliche Kost zu sich nimmt. Die besten Erfahrungen habe ich mit einem mit Feuchtfutter befüllten Kong® gemacht. Der Hund kann sich für kurze Zeit mit dem Kong® beschäftigen und das Warten damit positiv verknüpfen. Zudem nimmt er dabei keine großen Mengen an Nahrung zu sich.

Allein trainieren

Bellt der Hund jedoch auch während einer kurzen Wartezeit, sollte man ihm zunächst einmal das Warten außerhalb des Hundeplatzes beibringen, zum Beispiel, während Sie Ihre Würfe trainieren. Anfangs werfen Sie die Scheiben nur für einige Sekunden, während der Hund zuschaut. Nach und nach kann man die Zeiten verlängern. Ideal ist es, wenn der Hund bereits als junger Hund oder als Hund, der noch keinen sehr hohen Eifer beim Frisbeespiel entwickelt hat, lernt zu warten.

Signale einführen

Um dem Hund das „Abschalten“ zu erleichtern, ist es wichtig, ein Signal für Beginn (z. B. „Los geht's“) und Ende des Frisbeespiels (z. B. „Ende“) einzuführen. Wenn man dem Hund klar vermittelt, wann er an der Reihe ist, fällt ihm das Warten leichter. Geben Sie ihm die Signale konsequent vor und nach dem Spiel und achten Sie darauf, dass Sie das Hörzeichen „Ende“ auch nur geben, wenn Sie das Ende auch durchsetzen können (z. B. wenn Sie die Scheiben bereits in der Tasche verstaut haben). Nach einiger Zeit hat der Hund die Signale verknüpft und kann dann damit „an-“ und „ausgeschaltet“ werden. Alternativ bietet sich auch ein Halsband als Signal an, das der Hund nur beim Frisbee trägt.

Ben hat keinen Stess beim Warten. Er hat in kleinen Schritten gelernt, dass er nicht vergessen wird.

Scheiben fangen

Nicht jeder Hund fängt die Wurfscheibe sofort aus der Luft. Meist liegt es daran, dass die Scheibe für den Hund zu weit geworfen wurde. Um weite Würfe fangen zu können, muss der Hund zunächst hinter der Wurfscheibe herrennen, die Flugbahn beobachten, im richtigen Moment hochspringen und nach der Scheibe schnappen. Der Hund muss diese Fertigkeiten jedoch erst langsam optimieren.

Kurze Würfe für den Anfang

Deshalb sollte man beim Training zuerst mit kurzen Würfen anfangen und die Länge der Würfe langsam steigern, um den Hund nicht zu überfordern. Hierfür bietet sich der Floater an, weil der Hund nicht weit laufen muss, um ihn fangen zu können. Knien Sie sich am besten neben den Hund und werfen Sie den Floater in Augenhöhe des Hundes ab. Achten Sie darauf, dass mindestens eine halbe Hundelänge Abstand zwischen Hund und Scheibe ist und werfen Sie die Scheibe nur wenige Zentimeter nach oben ab. Auf keinen Fall darf die Scheibe in das Gesicht des Hundes geworfen werden.

Wenn es nicht klappt

Bei hektischen Hunden hilft es, sie ins „Sitz“ zu bringen, bevor man den Floater werfen kann. Häufig scheitert es am richtigen Timing, wenn der Hund den Floater nicht fangen kann. Werfen Sie die Scheibe nur dann ab, wenn der Hund auch aufmerksam ist. Erst wenn er gelernt hat, den Floater zu fangen, sollten die Würfe in kleinen Schritten verlängert werden.

Mit kurzen Würfen kann der Hund seine Fangtechnik am besten trainieren.

Werfen Sie die Scheibe immer nur so weit, dass der Hund sie auch problemlos fangen kann und das Ganze mit einem Erfolgserlebnis verbindet. Wenn Ihr Hund den Floater dennoch nicht fängt, sollte der Flug der Scheibe erst einmal simuliert werden. Bewegen Sie die Scheibe in Ihrer Hand auf Augenhöhe des Hundes von ihm weg und animieren Sie ihn, in die Wurfscheibe zu beißen. Wenn der Hund die Scheibe ohne Schwierigkeiten aus Ihrer Hand nehmen kann, ist es an der Zeit, den Floater noch einmal auszuprobieren. Sollte Ihr Hund immer noch Probleme beim Fangen haben, kann ich die Nylonscheibe (siehe Seite 14) sehr empfehlen. Sie sinkt aufgrund ihres geringen Gewichtes sehr langsam. Dadurch kommen Hunde, die etwas langsamer in ihrer Reaktion (oder noch sehr zurückhaltend) sind, schneller zum Erfolg. Zudem trauen sich sensible Hunde eher, die leichte und weiche Nylonscheibe zu fangen.

Hier fehlt der Drall. Dadurch sinkt die Scheibe schnell und wird für den Hund unerreichbar.

Einige Hunde können den Floater nicht fangen, wenn er schlecht geworfen wurde: Entweder sinkt die Scheibe zu schnell oder sie fliegt nicht gerade. Wichtig ist, dass die Würfe so lange ohne Hund trainiert werden sollten, bis die Wurfqualität stimmt.

Apportieren und Scheibe fallen lassen

Beim Hundefrisbee sollte der Hund die Wurfscheibe bis in die Nähe des Werfers apportieren und dann (idealerweise auf ein Zeichen hin) fallen lassen, um die nächste geworfene Scheibe fangen zu können.

„Drop"

Das Fallenlassen der Wurfscheibe wird „Drop" genannt. Die meisten Hunde müssen zuerst lernen, die Scheibe fallen zu lassen. Gibt Ihr Hund die Scheibe ungern her, ist es sinnvoll, ihn mittels Scheibentausch davon zu überzeugen, dass sich das Loslassen lohnt, denn er bekommt stattdessen eine neue Scheibe, die sich sogar bewegt. Sie brauchen also zwei Scheiben, um das Fallenlassen der Scheibe durch ein Tauschgeschäft zu trainieren. Wenn Ihr Hund seine Scheibe im Fang hält, zeigen Sie ihm, dass Ihre Scheibe besser ist, indem Sie mit dieser zappelnde Bewegungen ausführen. Manchmal kann es sehr lang dauern, bis der Hund seine Scheibe fallen lässt. Achten Sie darauf, dass Sie nicht nach der Scheibe Ihres Hundes greifen, denn beim Tausch geht es darum, den Hund davon zu überzeugen, dass ihm seine Scheibe nicht weggenommen wird. Hat Ihr Hund die Scheibe fallen gelassen und sofort Ihre Scheibe als Belohnung bekommen, geht es im Training des „Drops" schnell voran. Kennt Ihr Hund bereits das Hörzeichen „Aus" als Signal für das Fallenlassen von Sachen, die er im Fang hat, können Sie ihm natürlich auch dieses Signal geben.

Er gibt sie nicht her

Sollte Ihr Hund seine Scheibe partout nicht hergeben wollen, können Sie mit Spielsachen, die Ihr Vierbeiner nicht so toll findet, tauschen. Wenn der Tausch z. B. mit zwei Spieltauen klappt, können Sie den Drop schneller mit den Scheiben trainieren.
Manche Hunde rennen sofort mit ihrer Beute weg, um sie entweder in Sicherheit zu bringen, oder um den Menschen dazu zu animieren, hinter ihnen herzu-

flitzen. Auch hier sollten Sie Ihren Hund mithilfe des Scheibentausches davon überzeugen, dass es sich lohnt, zu Ihnen zu kommen, anstatt wegzulaufen. Damit das Tauschgeschäft mit solchen Hunden überhaupt möglich wird, sollten Sie nicht gleich auf einer großen Wiese trainieren, sondern zu Hause in einem kleinen Zimmer üben, in dem Ihr Hund gar nicht weglaufen kann. Achten Sie beim Scheibentausch darauf, dass Sie die Scheibe nur übergeben und nicht werfen. Alternativ können Sie den Hund draußen auch an Geschirr und Leine nehmen, um den Beutetausch zu üben. Durch die Leine kann er sich mit seiner Scheibe nicht aus dem Staub machen.

Apportieren

Es ist optimal, wenn der Hund seine Scheibe apportiert und kurz vor dem Werfer fallen lässt, um flüssig spielen zu können. Dabei sollte er die Frisbee nicht bis vor Ihre Füße tragen, sondern spätestens einen Meter vor Ihnen fallen lassen. Ansonsten ist der Abstand zwischen Hund und der nächsten geworfenen Scheibe zu gering, wenn in die Laufrichtung des Hundes geworfen wird. Lässt der Hund die Wurfscheibe wesentlich früher fallen, empfiehlt es sich, am Apportieren zu arbeiten, weil man sonst weite Strecken zurücklegen muss, um die Scheiben einzusammeln. Dadurch gerät das Spiel ins Stocken.

Kira apportiert, bis sie das Sichtzeichen für Drop bekommt. Das ist die Bewegung des Wurfarmes.

Durch den Beutestreit gewinnt die Scheibe an Bedeutung. Und was wichtig ist, trägt man gern.

Er lässt zu früh los

Lässt der Hund die Scheibe zu früh fallen, kann es daran liegen,

> dass er generell schlecht apportiert (= kein ausgeprägtes Beutebesitzverhalten zeigt) oder

> dass der Werfer ein falsches Signal für „Drop" trainiert hat, ohne es zu wissen, indem er sich zu früh auf den nächsten Wurf vorbereitet (= Armbewegung), oder der Hund die Körperbewegung des Werfers beim Aufsammeln der Scheibe als Signal für „Drop" deutet.

Lösungsmöglichkeiten

Lässt Ihr Hund die Wurfscheibe sofort fallen, nachdem er sie kurz im Fang hatte, empfiehlt es sich, das Beutebesitzverhalten mittels Zerrspielen zu festigen. Achten Sie bitte darauf, nur horizontal zu ziehen, weder nach oben noch nach unten. Trainieren Sie das Apportieren zunächst nur auf kurze Entfernung, anfangs reichen 30 cm aus. Apportiert Ihr Hund die Scheibe auf kurze Distanz erfolgreich, können Sie die Strecke langsam steigern.

Manche Hunde brauchen auch nur die Scheibe in der Hand des Menschen zu sehen, um ihre sofort fallen zu lassen. Gehört Ihr Hund zu diesen Kandidaten, ist es sinnvoll, wenn Sie die anderen Scheiben während des Spiels hinter Ihrem Rücken verstecken, bis Ihr Hund nah genug herangekommen ist. Alternativ können Sie vorübergehend mit nur einer Scheibe spielen. Wichtig ist, dass die nächste Scheibe immer erst dann geworfen werden darf, wenn der Hund seine nah genug zurückgebracht hat. Damit das Bücken nicht zum ungewollten Signal für den „Drop" wird, sollte man die Scheiben anfangs nur aufheben, wenn der Hund einen gerade nicht sehen kann. Das gilt auch, wenn der Hund das Bücken bereits als „Drop"-Signal deutet. Nach einiger Zeit sollte man das Bücken andeuten. Damit der Hund nicht mehr auf dieses Körperzeichen reagiert, wird die Bewegung anfangs nur angetäuscht und dann im Verlauf des Trainings langsam gesteigert. Die Bewegung sollte so gering ausgeführt werden, dass der Hund die Scheibe nicht fallen lässt.

Das Spiel mit mehreren Scheiben

Beim Frisbee kommt erst so richtig Schwung ins Spiel, wenn Sie mit mehreren Scheiben spielen. Dadurch können Sie viele Elemente aneinanderreihen, allerdings müssen Sie ganz schön auf Zack sein.

Handhabung mehrerer Scheiben

Halten Sie die Scheiben so, dass sie fächerartig mit den Rändern ineinanderliegen (1). Nehmen Sie die nächste Scheibe immer von unten aus dem Stapel (2). So können Sie schnell nach der nächsten greifen und müssen nicht auf Ihre Hände schauen, wenn Sie eine weitere Scheibe benötigen.

Damit der Hund es im Spiel mit mehreren Scheiben leicht hat, die Flugbahn der jeweiligen Scheibe zu berechnen, sollten

So lassen sich mehrere Scheiben gut halten.

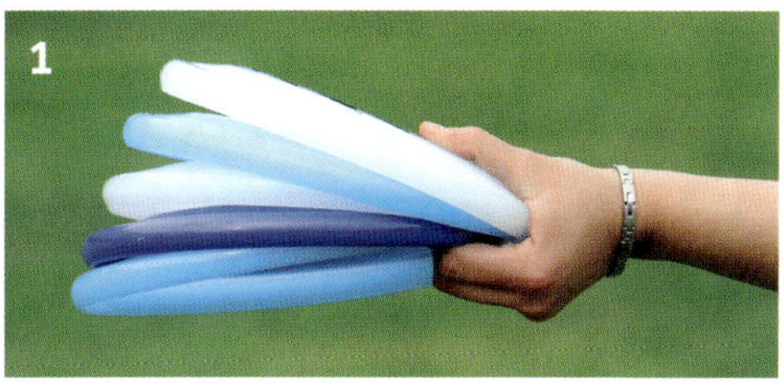

Der Hund wird in Position gebracht.

Sie immer in die Laufrichtung des Hundes werfen. Am leichtesten geht das mit dem im Folgenden beschriebenen Element Passing.
Sie können den Hund jedoch auch nach einem Wurf durch die Beine oder um Ihren Körper laufen lassen, um ihn wieder so zu positionieren, dass er hinter der nächsten Scheibe herflitzen kann, ohne sich vorher umdrehen zu müssen.

Passing

Wird nach einem Wurf die nächste Scheibe in Laufrichtung geworfen, ohne dass der Hund beim Menschen stoppt, spricht man von Passing. Er passiert den Menschen. Der Hund muss beim Passing nicht unbedingt vorbeirennen, er kann auch zwischen den Beinen des Menschen hindurchlaufen. Zu Beginn ist der Rückhandwurf gut geeignet, um Passings mit dem Lauf zwischen den Beinen zu kombinieren. Man kann den Hund von vorn, seitlich oder von hinten durch die Beine laufen lassen. Die letzten beiden Varianten sind die leichtesten. Soll Ihr Hund auch von vorn durch die Beine laufen, müssen Sie Ihren Oberkörper nach hinten drehen und die Wurfscheibe nach hinten werfen. Achten Sie bei allen Variationen darauf, dass Sie die Scheibe so abwerfen, dass Ihr Hund sie noch zwischen Ihren Beinen sehen kann, sonst könnte er an Ihnen vorbeilaufen. Bei Hunden, die ungern durch die Beine des Menschen laufen, empfiehlt es sich, diese Übung erst einmal mit einem Leckerchen positiv zu verknüpfen.

Kira beim Passing. Läuft der Hund dabei zwischen den Beinen durch, ist es ein Tunnel-Passing (r.).

Frisbee für übermotivierte Hunde

Es gibt sowohl Hunde, bei denen das Beutefangverhalten gefördert werden muss, als auch solche, die im Spiel erst einmal unter Kontrolle gebracht werden müssen.

Spielregeln müssen sein

Damit mit einem sehr motivierten Hund ein abgestimmtes Spiel möglich ist, muss man dem Vierbeiner feste Spielregeln vermitteln. Ansonsten wird das Spiel schnell im Chaos enden. Ein Hund, der ein zu forderndes Verhalten beim Hundefrisbee zeigt, stresst nicht nur seinen Besitzer, sondern hat selbst unnötigen Stress. Sie sollten derjenige sein, der das Spiel bestimmt, nicht der Hund.

Wenn der Hund hochspringt, um die Scheibe aus der Hand zu reißen, extrem bellt und ähnliches Verhalten zeigt, sollte er nicht unbewusst von Ihnen belohnt werden, indem Sie dem fordernden Hund die Scheibe werfen. Die Regel lautet: „Nur wenn der Hund sich höflich

Kira und Ben warten, bis Karin so weit ist und ihnen das Zeichen für den Start gibt.

verhält, wird gespielt." Das gilt immer, wenn Sie sich auf einen Wurf vorbereiten und Ihr Hund in Ihrer Nähe ist. Hundefrisbee ist ein Teamsport. Versuchen Sie verzweifelt, Ihr Tempo dem des Hundes anzupassen, lernt er schnell, dass Sie sich nach ihm richten und achtet demzufolge auch nicht mehr auf Sie. Ein harmonisches Spiel ist aber nur dann möglich, wenn der Hund auf den Menschen achtet. Sie sollten also anfangs nicht verzweifelt dafür sorgen, dass Ihr Hund im Spiel keine Sekunde warten muss. Das Arbeiten an einer flüssigen Performance ist etwas für Fortgeschrittene. Anfangs ist es wichtig, dass ein gutes Zusammenspiel entwickelt wird. Hier gilt es, bei aktiven Hunden jedes kurze Warten und den Blickkontakt zu belohnen und nicht das fordernde Verhalten.

Energie abbauen

Bei übermotivierten Hunden, die zu unkontrollierten Bewegungen neigen oder nicht eine Sekunde warten können, wenn sie eine Scheibe in Ihrer Hand sehen, ist es wichtig, diesen Hunden erst einmal die Möglichkeit zu geben, ihre Übermotivation abzubauen, bevor Sie überhaupt an Frisbee denken.
Ob Gegenstände suchen oder ein langer Spaziergang besser geeignet sind, damit Ihr Hund seine überschüssige Energie abbauen kann, ist von Hund zu Hund verschieden. Sie sollten deshalb individuell entscheiden, wie Ihr Hund am besten Dampf ablassen kann, und erst im Anschluss mit ihm Frisbee spielen. Bis sich der Hund auch beim Anblick seiner Beute kontrollieren lässt, dauert es meist eine Zeit lang.

In geregelte Bahnen lenken

Der Hund muss lernen, seine Impulse zu kontrollieren, und Sie müssen lernen, den Hund zu kontrollieren. Hunde spüren schnell, wenn jemand unsicher ist (sich also von dem hektischen Verhalten

Ben wartet, bis sich Karin vorbereitet hat.

Erst wenn Kira das Signal „catch" hört …

… schnappt sie sich die Scheibe.

des Hundes irritieren oder mitreißen lässt) oder wenn jemand in der Lage ist, sich durchzusetzen. Ist Ihr Hund beim Frisbee zu ungestüm, können Sie erst einmal die Kontrolle mit einem Spielzeug, das der Hund nicht so toll findet, üben. Wenn das gut funktioniert, und Ihr Hund kontrolliert spielt, können Sie es noch einmal mit der Wurfscheibe versuchen.
Wenn Sie Schwierigkeiten beim kontrollierten Spiel mit Ihrem Hund haben, sollten Sie sich von einem guten Trainer, der Erfahrung im Spiel mit sehr motivierten Hunden hat, anleiten lassen. Das Spiel mit solchen Hunden erfordert viel Übung und es kommt häufig vor, dass die Besitzer nicht allein damit klarkommen. Ein kontrolliertes Spiel ist jedoch das A und O beim Hundefrisbee, denn Nur so können Sie und Ihr Hund sicher Frisbee spielen.

Signalverknüpfung „catch"

Besonders bei motivierten Frisbeehunden ist es zu empfehlen, ein Signal wie z. B. „catch" einzuüben. Sobald das Signal ertönt, darf er in die Scheibe beißen. Geben Sie Ihr Hörzeichen jedes Mal, wenn der Hund in die Scheibe beißt, bis er den Begriff mit dem Verhalten verknüpft hat. Das Signal ist dann der Auslöser für das Hineinbeißen.
Ein Auslöser ist auch sehr hilfreich, wenn man sich z. B. auf einen Wurf vorbereiten muss oder einen Kombinationswurf machen möchte, ohne dass der Hund schneller in die Scheibe beißt als gewünscht. Es erleichtert dem Hund zu unterscheiden, ob Sie möchten, dass er in die Scheibe beißt oder nicht. Der Auslöser ist auch eine gute Hilfe, um den Hund auf den nächsten Wurf hinzuweisen, wenn man schnelle Würfe hintereinander macht.

Weitere Elemente aus dem Frisbee-Sport

Tricks und Elemente

Die Würfe klappen, Ihr Hund kann kontrolliert fangen, die Scheiben zurückbringen und fallen lassen. Nun kommen die Tricks an die Reihe, die das Frisbeespiel so spektakulär machen, vom „Go around" über „Flips" bis hin zu „Vaults".

Beim „Go around" läuft der Hund im Kreis, ...

weil die Scheiben im Bogen geworfen werden.

„Go around"

Beim „Go around" werden die Scheiben im Kreis geworfen. Dabei rennt der Hund in einem Kreis um den Menschen und fängt die Scheiben. Meist läuft der Hund am Anfang aus dem Kreis hinaus, was dann eher zu einem sternförmigen Element führt. Das kann zum einen daran liegen, dass die Würfe eine unterschiedliche Länge haben und der Hund deshalb aus der Kreisbahn laufen muss, aber auch daran, dass der Hund nach dem Fangen einer Scheibe einfach weiterläuft anstatt auf seiner Umlaufbahn zu bleiben. Üben Sie die Würfe erst einmal ohne den Hund, damit diese gleich lang sind. Wenn der Hund nach dem Fangen der Scheibe nicht zu Ihnen schaut, sondern linear weiterrennt, empfiehlt es sich, den Kreis beim Werfen mitzulaufen. Hierbei ziehen Sie den Hund durch Ihre Bewegung mit.

Beim frontalen Multiple werden die Scheiben seitlich neben die Hundeschnauze geworfen.

Achten Sie darauf, dass Sie sich vor dem Hund befinden, damit er Ihre Bewegung sehen kann. Sollte Ihr Hund dennoch geradeauslaufen, empfiehlt es sich, die Scheiben nicht zu werfen, sondern dem Hund aus der Hand zu übergeben (Take). So lernt er auch, im Spiel auf den Menschen zu achten. Hat der Hund verstanden, dass er im Kreis gehen soll, können Sie die Scheiben werfen.

„Go around" ist ein Element, das vielen Anfängern schwerfällt. Probieren Sie einfach aus, ob Ihnen ein großer oder kleiner Kreis leichter fällt und geben Sie sich und Ihrem Hund Zeit, dieses Element zu erlernen. Achten Sie bei kleinen Kreisen darauf, dass die Würfe anfangs auch einen leichten Bogen in der Flugbahn haben und nicht geradeaus fliegen. Es ist möglich, den „Go around" im Knien oder Stehen zu werfen. Später können Sie den „Go around" auch mit verschiedenen Wurftechniken abwechslungsreicher gestalten.

„Multiple"

„Multiples" bestehen aus mindestens drei gefangenen Scheiben, die in einer schnellen Abfolge geworfen wurden.

Um mit dem Hund den „Multiple" zu trainieren, bietet es sich anfangs an, die Scheiben in einem kleinen Kreis als „Go around" zu werfen.

Es gehört eher zu den schwereren Tricks, Scheiben im „Sitz" zu fangen. Um dieses Element aufzubauen, empfiehlt es sich, dem Hund die Scheiben erst einmal als „Take" zu übergeben. Hat der Hund gelernt, sitzen zu bleiben, wenn man ihm die Scheiben hinhält, kann man zum nächsten Schritt übergehen und

Das ist einer der schwersten Multiples überhaupt.

die Scheiben direkt neben die Schnauze des Hundes werfen, sodass der Hund den Wurf nicht direkt in den Fang bekommt, sondern den Kopf beim Fangen etwas zur Seite bewegen muss. Später steht der Kreativität nichts im Wege. Der Hund kann z. B. auch Männchen machen, während er den Multiple fängt. Als Multiple lassen sich auch die im Folgenden beschriebenen Elemente „Butterfly“ und „Flip“ gestalten.

Butterfly

Beim Butterfly dreht sich die Scheibe um ihre eigene Achse, dabei steht der Mensch frontal vor dem Hund. Der Butterfly ist nicht für jeden Hund geeignet. Ängstliche Hunde mögen ihn meist nicht, weil sich der frontale Butterfly direkt auf den Hund zubewegt. Hunde, die eine schnelle Reaktionsfähigkeit haben, sind hingegen meist auch Butterfly-Cracks.
Eine Möglichkeit, den Butterfly zu werfen, besteht darin, die Scheibe mit einer Hand seitlich festzuhalten und mit der anderen Hand mittig unter den Rand zu schlagen. Es ist wichtig, das genau die Mitte des Randes getroffen wird. Auch sollte man nicht unter die ganze Scheibe schlagen, sondern nur unter die Mitte des Scheibenrandes. Je schneller sich der Butterfly dreht, desto einfacher ist es für den Hund, den Wurf zu fangen.

Der Abstand zwischen Scheibe und Hund sollte anfangs recht groß sein, damit der Hund sich nicht erschreckt, und kann dann langsam verringert werden. Er sollte jedoch mindestens so groß sein, dass der Hund einen Schritt auf die Scheibe zugehen muss, um sie zu fangen.

Butterfly-Variante

Eine Variante des Butterflys ist, die Scheibe mit einer Hand abzuwerfen. Dabei befindet sich der Daumen an der Scheibenunterseite und die restlichen Finger auf der Scheibenoberseite (1). Die Scheibe wird abgeworfen, indem die Hand schnell nach unten bewegt wird. Beide Varianten sollten mit Rückenwind geworfen werden, da man der Scheibe durch den eigenen Körper Windschatten spendet.

So sieht der Griff beim Frontal-Butterfly aus.

1

Der Tunnel-Butterfly, einhändig geworfen.

Kombinationsmöglichkeiten

Der Butterfly kann aber auch in Kombination mit einem Passing geworfen werden, bei dem der Hund durch die Beine des Menschen laufen muss, um ihn fangen zu können (Tunnel-Butterfly). Der Tunnel-Butterfly lässt sich einhändig oder zweihändig abwerfen, und fliegt in Laufrichtung des Hundes. Bei der einhändigen Variante hält man die Wurfscheibe so, dass Daumen und kleiner Finger auf der einen Scheibenseite sind und die restlichen Finger auf der anderen (2). Für den Wurf wird das Handgelenk zunächst stark gebeugt (3). Anschließend wird der Arm nach vorn gestreckt und die Scheibe durch eine schnelle Streckung des Handgelenkes abgeworfen (4). Achten Sie darauf, dass die Scheibe parallel zu Ihnen zeigt und

So wird die Scheibe gehalten. Beim Wurf schnellen Arm und Handgelenk nach vorn.

nicht schräg gehalten wird und dass Sie keine seitliche Kippbewegung mit der Hand machen.
Bei der zweihändigen Variante ist der Zeigefinger unter dem Scheibeninnenrand und Mittelfinger sowie Daumen auf der Scheibenoberseite (5).

Beim Abwurf werden die Arme nach vorn geschwungen. Anschließend drückt der Mittelfinger die Scheibe nach vorn, wodurch sie sich um die eigene Achse dreht (6 + 7). Anfangs versuchen viele Hunde, den Butterfly mit den Pfoten zu fangen, doch das legt sich wieder.

Hier ein zweihändig geworfener Tunnel-Butterfly.

Beim Linksflip springt der Hund (von ihm aus gesehen) nach hinten links.

Flip

Der Hund fängt eine Scheibe und dreht sich dabei in der Luft. Der Hund kann hierbei seitlich nach links oder rechts springen. Bei den meisten Hunden ist die linke Seite die Schokoladenseite. Kann der Hund sowohl den Links- als auch den Rechtsflip, sollten beide Flips gleichmäßig trainiert werden, um einen gleichmäßigen Muskelaufbau zu gewährleisten. Der Flip ist für Hunde mit langem Rücken sehr belastend, man sollte bei diesen Hunden lieber auf ihn verzichten.

Der Linksflip

Die Scheibe wird mit dem Backhand-Griff so gehalten, dass der Scheibenrand, der zum Hund zeigt, tiefer ist. Für den Wurf wird die Scheibe schräg über den Kopf des Hundes nach links (vom Hund aus gesehen) geworfen. Der Wurf ist sehr flach und kurz. Die Länge des Wurfes sollte identisch mit der Länge des Hundes sein. Der Flip sollte ca. eine Hundehöhe über dem Kopf des Hundes fliegen. Damit der Hund mit allen vier Pfoten landen kann, sollte die Scheibe nicht über die Mitte des Hundekopfes fliegen, sondern immer seitlich von ihm. Wird die Scheibe direkt über den Kopf des Hundes zur Rute geworfen, ist die Wahrscheinlichkeit groß, dass der Hund vorderlastig landet.

Der Rechtsflip

Für den Rechtsflip wird die Scheibe entweder ebenfalls mit dem Backhand- oder mit dem Thumbergriff gehalten, jedoch mit einer Rechtsneigung. Der Scheibenrand, der zum Hund zeigt, sollte tiefer sein. Der Rechtsflip wird schräg über den Kopf des Hundes nach rechts (vom Hund aus gesehen) geworfen.

Over

Beim Hundefrisbee werden die Körperübersprünge als Over bezeichnet. Es gibt eine Vielzahl von verschiedenen Sprüngen über den Körper des Menschen, sodass sich jedes Team ganz nach eigenem Belieben und Fähigkeiten seine Lieblingssprünge aussuchen kann.

Bei allen Körperübersprüngen sollte Folgendes beachtet werden:

- Der Hund sollte mindestens in zwei Metern Abstand zum Hindernis positioniert werden.
- Die Höhe des Hindernisses sollte anfangs so niedrig wie möglich gehalten werden und wird nach und nach langsam gesteigert.
- Die Scheibe sollte erst einmal nur gehalten und noch nicht geworfen werden. Sobald man den Floater sehr kontrolliert werfen kann, kann man die Sprünge und Würfe kombinieren.

Beim Rechtsflip springt der Hund (von ihm aus gesehen) nach hinten rechts.

Der Overleg

Der Overthigh

> Die Wurfscheibe sollte so gehalten bzw. geworfen werden, dass der Hund genügend Platz hat, um über das Hindernis zu springen, ohne den Menschen zu berühren – also etwas höher als die Körperhöhe des Hundes, gemessen am höchsten Punkt des Hindernisses.

> Die Scheibe sollte direkt hinter das Hindernis gehalten werden.

Folgende Over eignen sich gut für Einsteiger

Overleg Der einfachste Körperübersprung ist der Sprung über das Bein im Stehen oder im Knien.

Overknee Man kann das Bein auch angewinkelt auf den Boden stellen und den Hund über den Oberschenkel springen lassen.

Overthigh Es ist auch möglich, den Hund seitlich kniend über den Körper springen zu lassen.

Overbelly Man kann den Hund auch seitlich über den Bauch springen lassen, während man mit dem Rücken auf dem Boden liegt. Ein einfaches und niedriges Element, dass spektakulär aussieht.

Hoop Beim Hoop springt der Hund durch einen Reifen, der aus Arm und Bein gebildet wird. Zunächst ist es wichtig, dass der Mensch stehen bleibt, ohne das Gleichgewicht zu verlieren. Dann sollte der Reifen während des Trainings mit dem Hund zuerst nur angedeutet und dann langsam geschlossen werden.

Der Aufbau des Hoops

Probleme beim Over

Berührt der Hund bei den Körpersprüngen den Menschen, kann es daran liegen, dass der Abstand zwischen Hund und Mensch zu gering ist, denn einige Hunde benötigen einen großen Anlauf. Eine weitere Möglichkeit wäre, dass die Wurfscheibe zu niedrig oder zu weit entfernt gehalten wurde. Einige Hunde (meist große) neigen auch dazu, die Hinterhand beim Sprung einfach hängen zu lassen. Das kann einerseits an der „Bequemlichkeit" des Hundes liegen, andererseits kann er auch zu sehr auf die Scheibe fixiert sein und sich daher nicht genügend auf das Hindernis konzentrieren. Manche Hunde haben Probleme mit dem Bewegungsapparat, wieder andere springen einfach nur zu spät vom Boden ab, weil sie noch ungeübt sind, und berühren deshalb den Menschen.

Tipp

Der richtige Absprungpunkt
Den Absprungpunkt kann man folgendermaßen berechnen: Ermitteln Sie die Höhe des Hindernisses und addieren Sie die halbe Breite hinzu. Das Ergebnis entspricht dem Absprungpunkt vor dem Hindernis. Nun können Sie eine Hilfsperson an diese Stelle stellen, die beobachtet, wo der Hund tatsächlich abspringt. Bei Hunden, die den Punkt übertreten und zu spät abspringen, sollte ein Sprungtraining mit Hindernissen unter Anleitung eines erfahrenen Trainers erfolgen.

Vaults müssen nicht hoch sein.

Vault

Als Vault wird der Absprung vom Körper des Menschen bezeichnet. Die Vaults gehören zu den schwierigsten und meist auch zu den belastendsten Elementen für den Hund. Um die Belastung gering zu halten, sollten deshalb nur wenige Vaults mit dem Hund pro Trainingseinheit geübt werden.
Damit der Hund sicher vom Bein, Rücken, Bauch oder von der Brust des Menschen abspringen kann, sollte er sich beim Berühren des menschlichen Körpers wohlfühlen.

Erst dann können die Körperabsprünge langsam aufgebaut werden. Hunde, die gern auf dem Schoß des Menschen sitzen, haben den „Wohlfühl-Test" bereits erfolgreich bestanden. Mit Hunden, die nicht gern auf dem Schoß sitzen oder nicht sitzen dürfen beziehungsweise zu groß dafür sind, sollte zunächst trainiert werden, dass der Hund sicher auf dem Körper des Menschen steht, bevor die Scheibe zum Einsatz kommt.

Für Klettermaxe

Lassen Sie den Hund zunächst über Ihre Beine laufen, während Sie auf dem Boden sitzen. Achten Sie darauf, dass Sie Ihren Vierbeiner mit einem Leckerchen sehr langsam über Ihre Beine führen, er soll nicht darüberspringen. Halten Sie die Leckerchen in Augenhöhe des Hundes; sind sie zu niedrig, muss er kriechen. Bei sehr großen Hunden kann man sich auch zu zweit nebeneinander auf den Boden setzen oder man legt sich mit dem Rücken auf den Boden und führt den Hund langsam über den Bauch. Achten Sie darauf, dass der Hund auch mit den Hinterbeinen auf Ihrem Körper steht. Hunde, die beim Berühren des Menschen unsicher sind, meiden es, mit allen vieren auf den Menschen zu klettern und berühren ihn nur ungern mit den Hinterpfoten. Die Übung sollte so oft wiederholt werden, bis der Hund gern mit allen vier Pfoten auf dem Menschen steht.

Steht der Hund sicher mit allen vier Pfoten auf dem Körper, kann der Aufbau der Vaults beginnen.

Danny Eggleston und Guinan beim Backstall.

„Stall“

Das Verweilen auf dem Körper wird als „Stall“ bezeichnet. Mit einem „Stall“ lässt sich auch trainieren, dass der Hund die Balance auf dem Körper des Menschen halten kann. Besonders beliebt ist der „Stall“ auf dem Rücken, der Backstall.

Klein anfangen

Die Körperabsprünge sollten immer zuerst mit Leckerchen aufgebaut werden, weil die Hunde bei Leckerchen meist ruhiger bleiben als bei der Scheibe. Zudem verbindet der Hund es mit etwas Angenehmem, während er auf dem Körper des Menschen steht. Es sollte zuerst mit einer geringen Höhe begonnen werden. Wenn der Hund dabei sicher auf dem Menschen steht bzw. sicher abspringt, kann die Höhe der Absprungfläche langsam gesteigert werden. Steht der Hund auch sicher auf dem Menschen, wenn die Endhöhe erreicht ist, sollte die Scheibe recht schnell zum Einsatz kommen und die Leckerchen ablösen. Zum weiteren Aufbau des Vaults wird nun die Scheibe anstelle der Leckerchen hingehalten. Wie beim Over auch, sollte die Scheibe anfangs nur gehalten werden. Achten Sie darauf, dass sich die Scheibe nicht vor, sondern hinter der Absprungfläche befindet. Erst wenn der Hund den neuen Vault sicher beherrscht und Sie den Floater in der jeweiligen Körperhaltung gut werfen können, können Sie beides kombinieren.

Bridgevault

Beim Bridgevault springt der Hund vom Bauch des Menschen ab, während dieser eine Brücke macht.

Backvault

Beim Backvault springt der Hund vom Rücken des Menschen ab. Damit der Hund durch das menschliche Sprungbrett nicht zu hoch springen muss, ist es wichtig, den Backvault entweder im Knien oder in der Hocke zu machen und darauf zu achten, dass der Rücken für den Hund gerade ist. Optimal für den Aufbau ist es, wenn Sie sich zunächst auf den Bauch legen und eine Hilfsperson den Hund mit einem Leckerchen auf Ihren Rücken führt. Hierbei sollte das Leckerchen in Augenhöhe des Hundes gehalten werden. Im nächsten Schritt können Sie in den Vierfüßlerstand gehen und den Rücken dabei so gerade wie möglich halten. Damit der Hund sicher auf Ihren Rücken springen kann, sollten zunächst zwei Hilfspersonen links und rechts von Ihnen stehen, damit der Hund nicht seitlich wegrutscht. Wenn

Der seitliche Backvault mit Floater.

Wenn der Hund sicher auf dem Rücken steht,

... kann die Absprungfläche erhöht werden.

Sie nur eine Hilfsperson zur Verfügung haben, können Sie auch eine Wand zur seitlichen Begrenzung nutzen. Springt der Hund ohne Schwierigkeiten auf Ihren Rücken, wenn Sie sich klein machen und die Hilfsperson ihn mit Leckerchen lockt und bestätigt, können Sie die Höhe langsam steigern. Sobald der Hund sicher auf Ihrem Rücken steht, wenn die Endhöhe erreicht ist, können Sie nun zur Wurfscheibe übergehen. Da es in dieser Position sehr schwer ist, die Scheibe richtig zu halten, sollte die Hilfsperson assistieren und die Scheibe etwa in Augenhöhe des Hundes, gemessen vom höchsten Punkt des Hindernisses aus, halten. Bevor Sie die Scheibe halten,

Die Hilfsperson hält zunächst die Scheibe.

Der seitliche Backvault mit Take.

sollten Sie es einige Male ohne Hund vor dem Spiegel üben, um sie richtig zu positionieren. Alternativ eignet sich auch eine Hilfsperson, die anfangs neben Ihnen steht und Sie korrigieren kann. Die vordere Neigung der Scheibe (Nase der Scheibe) sollte nicht nach oben zeigen, sondern eher nach unten. Ansonsten muss der Hund seinen Kopf weit absenken, um in den Rand der Scheibe beißen zu können und würde dann vorderlastig landen.

Seitlicher Aufbau

Sie können den Backvault auch seitlich aufbauen. Das hat den Vorteil, dass Sie mit einem Schulterblick selbst kontrollieren können, ob Sie die Scheibe gerade halten. Großen Hunden fällt es allerdings schwerer, seitlich über den Rücken zu springen, weil die Absprungfläche kleiner ist.

Kneevault

Beim Kneevault springt der Hund vom Oberschenkel ab. Das geschieht entweder im Stehen oder Knien. Dieses Element wird Kneevault genannt. Beginnen Sie mit dem Kneevault im Knien. Wenn Ihr Hund über Ihr Bein springt, sollten Sie seinen Anlauf verringern oder die Scheibe höher halten. Einigen Hunden ist das Hindernis zu niedrig, um abzuspringen, wenn der Mensch kniet. Sie können das Hindernis dann ein wenig erhöhen, in dem Sie sich beim Kneevault hinstellen. Halten Sie den Oberschenkel dabei gerade.

Floaters werfen beim Over und Vault

Wenn die Übersprünge oder Absprünge mit der hingehaltenen Wurfscheibe gelingen und der Floater im Wurftraining ohne Hund in der jeweiligen Körperposition perfekt klappt, kann man die Elemente verbinden. Hierbei ist das Timing besonders wichtig. Der Wurf sollte dann erfolgen, wenn der Hund vom Boden abspringt, wenn er also ca. einen Meter von Ihnen entfernt ist. Der Floater sollte direkt hinter dem Hindernis bzw. hinter der Absprungfläche abgeworfen werden.
Wichtig ist, dass der Floater nicht sehr hoch geworfen wird. Die genaue Höhe des Floaters hängt von der Körpergröße des Hundes ab. Die Scheibe sollte so positioniert sein, dass sie in Augenhöhe des Hundes oder etwas höher fliegt.

Wurffehler

Zu niedrig Wird die Scheibe bei einem Over zu niedrig geworfen, ist die Wahrscheinlichkeit groß, dass der Hund Sie beim Übersprung berührt. Wird die Scheibe bei einem Vault zu niedrig geworfen, ist die Wahrscheinlichkeit groß, dass der Hund vorderlastig landet, weil

Der Kneevault im Knien

Manchen Hunden ist der Kneevault im Knien zu niedrig. Dann kann man sich hinstellen.

er seinen Kopf auf Ihrem Körper stark herunternehmen muss, um in den Rand der Scheibe beißen zu können.

Zu hoch Wird die Scheibe bei einem Vault zu hoch geworfen, sodass der Hund vom Hindernis aus nach oben springen muss, um die Scheibe fangen zu können, besteht die Gefahr, dass der Hund die Landung nicht mehr ganz mit seiner Muskelkraft abfedern kann. Achten Sie deshalb auf die richtige Position der Scheibe und halten Sie den Körper bei den Absprüngen niedrig, damit sich der Hund nicht verletzt.

Zu spät Oft wird der Fehler gemacht, dass die Scheibe zu spät abgeworfen wird. Sieht der Hund die Scheibe zu spät, kann er nicht mehr rechtzeitig abspringen, weshalb er dann mit seinen Beinen an Ihrem Körper hängenbleiben kann.

Lassen Sie sich Zeit

Auf Wettkämpfen werden Elemente mit Takes zwar nicht bewertet, allerdings gibt es meist keine Punkte, wenn der Hund die Scheibe nicht fängt. Leider sieht man trotzdem häufig schlecht geworfene Floater bei den Over und Vaults, bei denen der Hund die Scheibe nicht fangen kann und schlecht landet. Man sollte das Werfen nicht übereilen. Das richtige Timing beim Werfen und die richtige Wurfhöhe erfordern Übung. Optimal ist es, wenn der Floater immer erst ohne Hund in der jeweiligen Körperposition trainiert wird. Soll Ihr Hund beispielsweise über Ihren Bauch springen, während Sie eine Brücke machen, sollten Sie in der Brückenposition die Würfe so lange ohne Hund üben, bis die Scheibe bei jedem Wurf perfekt fliegt.

Wettkämpfe

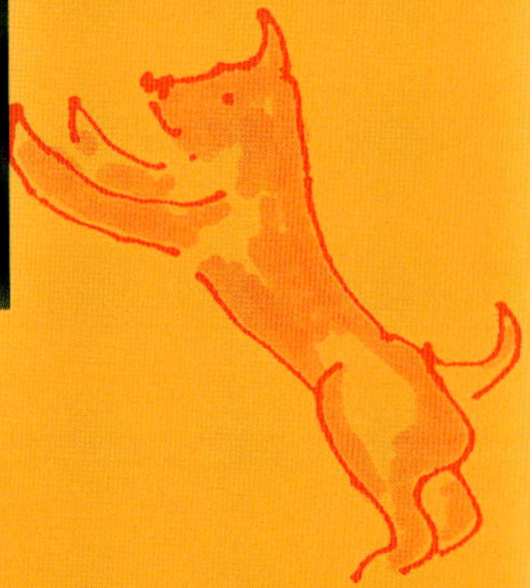

Disziplinen

Wenn Sie auf einem Wettkampf starten möchten, sollten Sie wissen, welche Disziplinen es gibt, und die Regeln des jeweiligen Wettkampfes kennen.

Auf den meisten Hundefrisbeewettkämpfen werden nur die beiden Disziplinen Freestyle und Minidistance angeboten. Startet man in der höchsten Klasse, muss man in beiden Disziplinen antreten. Anfänger haben auf den meisten Wettkämpfen die Möglichkeit, nur in Minidistance zu starten.
Longdistance ist eine Einzeldisziplin, die nur auf sehr wenigen Wettkämpfen angeboten wird.
Die drei größten Organisationen mit unterschiedlichem Regelwerk sind UFO (United Frisbee Organisation), USDDN (U.S. Disc Dog Nationals) und Skyhoundz.

Minidistance

Ziel beim Minidistance ist es, innerhalb von 60 oder 90 Sekunden (abhängig von den jeweiligen Regeln) so viele Punkte mit gefangenen Würfen innerhalb eines Spielfeldes zu erzielen wie möglich. Es darf hierbei nur mit einer Scheibe gespielt werden. Das Feld ist in verschiedene Zonen eingeteilt. Punkte gibt es für jede vom Hund gefangene Scheibe, abhängig von der Weite. Bei den USDDN-Wettkämpfen werden nur die fünf besten Würfe gewertet.

Freestyle

Beim Freestyle wird eine freie Kür zur Musik präsentiert.
Je nach Regelwerk können 5 – 10 Scheiben genutzt werden. Die Zeit ist ebenfalls je

Kira bei ihrer 2. Deutschen Meisterschaft.

nach Regelwerk begrenzt (zwischen 90 Sekunden und 2 Minuten). In jeder Organisation gibt es vier Kategorien, die meist von einem Richter bewertet werden. Die vier Bewertungskriterien im Freestyle der Hundefrisbeeorganisation Eurodiscdogs sind:

Der Hund

Die Fähigkeiten des Hundes werden in dieser Kategorie bewertet. Dazu gehören: körperliche Fitness des Hundes, Sprungkraft, Flugbahnverfolgung der Scheibe, kontrolliertes Springen und Landen, Motivation und Konzentrationsfähigkeit des Hundes.

Die Würfe

Der Schwierigkeitsgrad, die Vielfalt und die Qualität der Würfe werden bewertet. In der Bewertung wird berücksichtigt, ob die Würfe optimal für den Hund platziert wurden. Auch Würfe (wenn die Qualität für den Richter akzeptabel war), die nicht vom Hund gefangen wurden, werden bewertet.

Das Team

Hier wird die Zusammenarbeit von Hund und Mensch, die Kommunikation, der Fluss in der Freestylekür und der Schwierigkeitsgrad der einzelnen Elemente bewertet.

Christina Weiß und Ronja gehören zu den besten deutschen Hundefrisbee-Teams …

Es werden auch Elemente mit Würfen, die nicht vom Hund gefangen wurden, beurteilt, wenn der Wurf gut war.

Der Gesamteindruck

Jeder Richter vergibt hier Punkte für den Gesamteindruck. Der Mittelwert der Punkte der einzelnen Richter fließt in die Bewertung ein.

Longdistance

Beim Longdistance geht es darum, so weit wie möglich zu werfen. Gewertet werden nur vom Hund gefangene Würfe. Bei allen Regelwerken darf der Hund erst nach Abwurf der Scheibe über die Startlinie laufen. Je nach Regelwerk darf der Hund von einer Hilfsperson festgehalten werden oder nicht. Sollten Sie in Longdistance starten wollen, und das Festhalten des Hundes ist nicht erlaubt, können Sie Ihren Hund ein Stück weit hinter der Startlinie absetzen. Trainieren Sie dies vorher mit dem Hund. Longdistance wird relativ selten angeboten. Der Grund ist der enorme Platzbedarf, der nur selten gewährleistet werden kann. Der Weltrekord liegt zur Zeit bei 118,9 Metern. Da die Wurfscheibe bei weiten Würfen auch eine gewisse Streuung haben kann, muss das Feld nicht nur lang genug, sondern auch sehr breit sein.

Sie wurden 2008 Deutsche Meister und 2010 Europameister in der Microdogklasse.

Aufbau und Training einer Kür

Wenn Sie bereits einige Freestyle-Elemente mit Ihrem Hund trainiert haben, können Sie Ihr erstes Set zusammenstellen. Ein Set besteht aus mehreren Einzelelementen, eine Kür aus mehreren Sets.

Damit Sie zunächst ein Set und später auch eine komplette Kür zusammenstellen können, ist es am leichtesten, wenn Sie eine Liste mit allen Elementen und Würfen, die Sie sicher beherrschen, aufstellen. Sie können Ihre Liste nach und nach mit neu erlernten Elementen ergänzen. Am besten teilt man die Elemente in verschiedene Gruppen ein, denn dann ist es leichter, abwechslungsreiche Sets zusammenzustellen.

Einteilung in verschiedene Gruppen

Eine Möglichkeit, die Elemente zu unterteilen, wäre folgende:

Weite Würfe eignen sich zum Abschluss.

Kurze Würfe Kurze Würfe eignen sich sehr gut, um sie innerhalb eines Sets zu präsentieren. Ein kurzer Wurf könnte z. B. ein „Backhand under the leg“-Wurf sein. Zu den kurzen Würfen kann man auch die Flips und Butterflys zählen.

Over und Vaults In diese Kategorie können Sie alle Over und Vaults aufnehmen.

Tricks Wenn Ihr Hund auch Tricks ohne Scheibe beherrscht, wie z. B. Pfote geben, drehen, usw. können Sie auch das in Ihre Kür aufnehmen. Diese Elemente werden zwar nicht bewertet, wenn dabei keine Scheibe fliegt, doch sie können eine Kür auflockern.

Das erste Set

Nun können Sie Ihr erstes Set aus den Elementen aufbauen, die Sie zuvor in Ihrer Liste in Kategorien eingeteilt haben. Achten Sie darauf, dass Ihr Set abwechslungsreich ist und Sie das gleiche Element nicht mehrmals hintereinander einplanen. Am Ende des Sets bietet sich ein weiter Wurf an, damit Sie ausreichend Zeit haben, um genügend Scheiben für das nächste Set einzusammeln, bevor der Hund wieder bei Ihnen ist.

Tricks wie „Pfötchengeben" werden zwar nicht bewertet, können die Kür jedoch auflockern.

Halten Sie die Anzahl der einzelnen Elemente pro Set erst einmal klein. Wenn bei dem Wettkampf, bei dem Sie starten möchten, maximal sieben Scheiben erlaubt sind, können Sie das erste Set mit sieben Elementen versehen.

Die weiteren Sets

Die darauffolgenden Sets werden nach den gleichen Kriterien aufgebaut, jedoch weniger Elemente eingeplant. Nach dem ersten Set können Sie maximal sechs Scheiben einsammeln. Die siebte bringt Ihr Hund gerade zurück.

Da eine Scheibe auch mal wegrollen, der Hund eine andere sehr früh fallen lassen oder der Abschlusswurf eines Sets auch mal kürzer ausfallen kann und der Hund deshalb schneller zurückkommen wird, ist es sinnvoll, bei den folgenden Sets maximal vier bis fünf Elemente einzuplanen.
Wen Sie später feststellen, dass Sie zwischenzeitlich gelangweilt herumstehen und nach einem Set auf Ihren Hund warten müssen (was sehr selten vorkommt), können Sie die Sets immer noch verlängern.

Overleg mit Take – den Overleg kann man auch gut in ein Anfängerset einbauen.

Alles ist im Fluss

Eine Kür sollte möglichst flüssig sein. Wenn Sie nach einem Set noch herumlaufen, um genügend Scheiben für das folgende Set einzusammeln, leidet der Fluss der Kür darunter.
Häufig wird der Fehler gemacht, dass der Werfer dem Hund beim Spiel hinterherschaut, doch dafür hat man während der Kür keine Zeit. Nutzen Sie die Zeit, nachdem Sie die Scheibe abgeworfen haben, um die jeweilige Körperhaltung für die Vaults oder Over einzunehmen oder um die Scheiben aufzuheben.
Damit die Kür flüssig bleibt, sollte man beim Abwurf der Scheibe schon das nächste Element im Kopf haben. Es geht allerdings nicht nur um den Fluss, sondern auch um die Sicherheit. Damit sich der Hund frühzeitig auf das nächste Element einstellen kann, müssen Sie es auch rechtzeitig ankündigen, sonst verwirren Sie ihn nur.

Die Anzahl der Sets einer Kür ist ganz unterschiedlich und von der Geschwindigkeit des Hundes, der Anzahl der Einzelelemente und der Länge der Würfe abhängig. Stoppen Sie die Zeit der einzelnen Sets, damit Sie ungefähr abschätzen können, ob Ihre Kür lang genug ist.

Leichtes Anfängerset

Ein leichtes Anfängerset könnte beispielsweise so aussehen:

- Backhand under the leg
- Backhand als Passing, bei dem der Hund durch die Beine läuft
- Overleg
- Thumber
- Backhand

Etwas schwieriger

Ein etwas schwereres Anfängerset könnte z. B. aus folgenden Elementen bestehen:

- Backhand als Passing, bei dem der Hund durch die Beine läuft

Wenn die Kür steht, kann man ausprobieren, ob sie auch mit Hund funktioniert.

- Overleg über das eine Bein
- Overleg über das andere Bein
- Backhand under the leg im Knien
- Bridgevault
- Sidearm

Das zweite Set enthält zwei aufeinanderfolgende Over. Hier müssen Sie sehr schnell von der einen Position zur anderen wechseln. Dazu bedarf es etwas Übung, bis die schnellen Wechsel reibungslos funktionieren. Probieren Sie für sich aus, ob Ihnen die Zeit reicht oder ob Sie Ihre Sets lieber mit etwas langsameren Wechseln aufbauen wollen, indem Sie nach jedem Over einen Wurf machen. Passen Sie einfach die Abfolge eines Sets Ihrem Tempo an.

Spickzettel

Machen Sie sich Randbemerkungen auf einem Zettel, wenn Sie die Sets erstellen, und notieren Sie sich, aus welcher Richtung der Hund nach jedem Element angelaufen kommt. So können Sie überprüfen, ob das folgende Element ohne eine Drehung durchgeführt werden kann oder ob eine Drehung eingeplant werden muss. Wenn Sie Rechtshänder sind und der Hund z. B. von links nach rechts über Ihren Bauch springt, landet der Hund rechts von Ihnen. Soll nun ein Sprung über das Bein folgen, müssen Sie sich einmal drehen, es sei denn, Sie können auch mit links werfen. Beachten Sie, dass die Scheibe immer hinter dem Hindernis bzw. hinter der Absprungfläche abgeworfen werden sollte. Wenn Sie als Rechtshänder seitliche Over oder Vaults (mit einem Heber oder Take rechts von Ihnen) machen möchten, sollte der Hund von links kommen.

Ausprobieren

Testen Sie Ihre Sets. Man weiß immer erst nach dem Training mit dem Hund, ob das Set so funktioniert oder ob es umgeschrieben werden muss. Das zu Papier gebrachte Set ist nur eine erste Idee, die sich nicht immer 1:1 umsetzen lässt. Das Erstellen eines Sets und einer Kür dauert übrigens seine Zeit.

„Trockentanzen"

Notieren Sie sich auch, wie viele Scheiben Sie benötigen, damit Sie für das Folgeset genügend parat haben. Wenn Sie Ihr Set auswendig lernen, ist es wichtig, dass Sie auch die jeweiligen Körperhaltungen trainieren. Besteht das Set ausschließlich aus Würfen, brauchen Sie die Bewegungen nicht mehr einzuüben, denn die Würfe wurden bereits schon beim Wurftraining geübt. Allerdings sollten Sie noch das schnelle Einnehmen der Griffe Ihrer Kür trainieren. Üben Sie dies so lange, während Sie Ihre Kür durchgehen, bis Sie dabei nicht mehr ins Stocken geraten. Sobald mehrere Vaults und/oder Over in Ihrer Kür vorkommen, sollten Sie die schnellen Wechsel mit der jeweiligen Körperhaltung üben. Spielen Sie alle Bewegungskombinationen ohne Hund durch. Ich nenne das Training eines Sets ohne Hund „Trockentanzen". Bedenken Sie dabei, in welche Richtung der Hund laufen beziehungsweise springen wird. Erst wenn Sie beim Trockentanzen die Körperhaltungen etwa doppelt so schnell einnehmen können, wie Ihr Tempo im Spiel mit dem Hund wäre, können Sie das Set auch mit dem Hund ausprobieren.

Sobald der Hund dabei ist, haben Sie keine Zeit mehr zu überlegen, was als Nächstes an die Reihe kommt. Der Bewegungsablauf sollte bereits in Fleisch und Blut übergegangen sein.

Man spielt die Kür erst mal ohne Hund durch.

Mit Souffleuse

Wenn es Ihnen schwerfällt, auswendig zu lernen, können Sie auch eine Hilfsperson bitten, Ihnen das Set vorzusagen, während Sie es auf seine Brauchbarkeit prüfen. Sobald Sie es einigermaßen beherrschen und es sich als brauchbar erwiesen hat, können Sie die Details auswendig lernen. Lassen Sie sich während des Trainings mit dem Hund von der Hilfsperson ansagen, welches Element als Nächstes kommt.

Die Übergänge

Wenn Sie mehrere Sets erstellt und auf ihre Umsetzbarkeit überprüft haben, steht Ihre Kür nun beinah. Lernen Sie nun die Übergänge von Set zu Set, damit Sie im Spiel mit dem Hund sofort wissen, welches Set als Nächstes kommt. Merken Sie sich, mit welchem Wurf die jeweiligen Sets enden und mit welchem Wurf das nächste beginnt. Wenn Sie die Übergänge beherrschen, fällt es Ihnen leichter, das nächste Set abzurufen.

Sitzt ein Set, kann es mit dem Hund getestet und optimiert werden.

Unter Stress

Der „Feinschliff“ beim Auswendiglernen der Kür sollte in ablenkungsreichen Situationen erfolgen. Häufig passiert es, dass eine Kür im Training gut funktionierte, jedoch beim Wettkampf plötzlich Würfe oder ganze Sets mitten im Spiel vergessen werden. Damit Sie die Kür auch in einer Stresssituation nicht vergessen, sollten Sie sie im Kopf durchspielen. Gehen Sie Ihre Kür im Kopf durch, während Sie spazieren gehen und steigern Sie dann den Ablenkungsgrad. Wenn Sie alle Details noch sicher beherrschen, während Sie im Supermarkt Ihre Lebensmittel aufs Band legen und bezahlen, sind Sie gut vorbereitet.

Fit für den Wettkampf? Dann viel Erfolg!

Daran sollten Sie bei der Wettkampfvorbereitung denken

Hier ist eine kleine Liste mit den wichtigsten Sachen, die Sie einpacken bzw. beachten sollten:

- Die Kondition des Hundes sollte der Anstrengung eines Wettkampfes entsprechen. Meist dürfen die besten Spieler des Freestyles als auch der Minidistance noch einmal spielen, weshalb man auf insgesamt sechs Minuten Hundefrisbee kommen kann. Beachten Sie das beim Konditionsaufbau Ihres Hundes.
- Nicht jeder Hund ist es gewohnt, unter starker Ablenkung Frisbee zu spielen. Besuchen Sie frühzeitig verschiedene Hundesportveranstaltungen, damit sich Ihr Hund an den Trubel gewöhnen kann. Fangen Sie mit kleinen Veranstaltungen an und halten Sie anfangs die Besuchszeit kurz.
- Bringen Sie ausreichend Wasser und einen Napf für den Hund, den Impfausweis, eine Box oder Decke, eine Sitzmöglichkeit für Sie, Sonnenschutz für den Hund (Pavillon) und natürlich Ihre Wurfscheiben mit. Wenn Sie in der Disziplin Freestyle starten, sollten Sie auch Ihre Musik auf CD mitbringen.
- Legen Sie Ihren Hund am Wettkampftag zwischen den Starts ins Auto oder in eine Box, damit er nicht den ganzen Tag dem Trubel ausgesetzt ist.
- Füttern Sie den Hund am Wettkampftag sehr früh, damit er genug Energie hat, aber nicht mit vollem Magen Frisbee spielen muss.

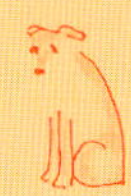

Kleine Pause. Das Team ruht sich aus und schaut anderen bei der Kür zu.

Auswahl der Musik

Bei der Auswahl der Musik ist Ihr persönlicher Geschmack gefragt. Achten Sie jedoch darauf, dass das Tempo des Liedes nicht zu schnell ist. Häufig arten Küren in Hektik aus, weil man sich unbewusst an den Takt des Liedes anpasst.

Videocoach

Optimal ist es, wenn die Kür mittels Videoaufnahmen überprüft werden kann. Dadurch können Sie Ihre Fehler sehen und daraus lernen. Außerdem erkennt man, ob das Lied zur Kür passt und ob die Choreografie harmonisch ist.

Wettkampftipps

Wettkämpfe bieten Ihnen nicht nur die Möglichkeit, sich von den Richtern bewerten zu lassen, man kann auch Leute, die das gleiche Hobby haben, kennenlernen, sich mit ihnen austauschen und zuschauen, wenn sie ihre Freestylekür präsentieren. Vielleicht entdecken Sie Ideen, die Sie gern ausprobieren würden? Viele Starter starten „just for fun" und zeigen auch keine perfekt einstudierte Feestylekür. Somit kann sich jeder, der Spaß beim Hundefrisbee hat, trauen, auf Wettkämpfen zu starten. Die wenigsten Teilnehmer gehören zu den Profis.

Karin Actun,

Ben und Kira

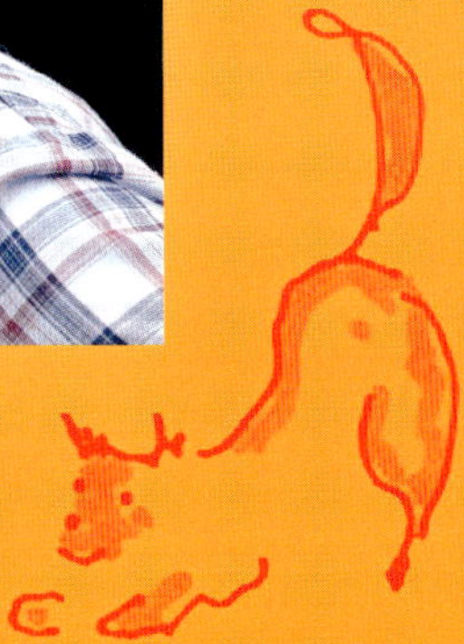

Unsere Geschichte

Wenn Sie erfahren wollen, wie wir zum Hundefrisbee kamen, können Sie hier unsere Geschichte lesen und mehr über mich und meine Hunde erfahren.

Karin Actun

Durch Ben, der ein ehemaliger Streuner aus Polen ist, bin ich 2001 zum Hundefrisbeesport gekommen. Ein begnadetes Wurftalent war ich anfangs allerdings nicht gerade, weshalb ich den größten Teil meiner Freizeit damit verbrachte, die einzelnen Wurftechniken zu trainieren. Als Studentin der Sozialarbeit übte ich teilweise auch zwischen den Vorlesungen. Vor jedem Hundefrisbeetraining habe ich die Würfe immer erst ohne Ben trainiert, bevor ich sie ihm zugemutet habe. Heute profitieren wir beide davon, denn dadurch habe ich Ben unbewusst beigebracht zu warten, bis ich mein Wurftraining absolviert habe. So kann er immer dabei sein, wenn ich die Würfe für mich trainiere. Es gibt kaum einen Wurffehler, den ich bei meinen Seminarschülern während des Wurftrainings nicht erkennen und beheben kann – denn fast alle Fehler habe ich selbst in meiner Anfangszeit gemacht und daraus eine Menge gelernt.

Da Ben sich früh als Athlet mit einer unglaublichen Sprungkraft entpuppte und mir seine Gesundheit wichtig ist, fing ich bereits zu Beginn unserer Hundefrisbee-Karriere an, mich mit Hundephysiotherapeuten zu beraten, wie wir den Hundefrisbeesport schonend betreiben können. Ich lernte somit viel über optimale Landungen und fundiertes Aufwärmtraining. Nach der ersten gewonnenen Europameisterschaft im

Christi Campbell mit Rider

September 2002 sind die ersten Hundevereine auf mich aufmerksam geworden. So habe ich schon 2003 angefangen, in Seminaren mein Wissen über den Hundefrisbeesport weiterzugeben.
2003 hatte ich auch das Glück, mit zwei US-Amerikanern, Christi Campbell und Chris Sexton, in Dortmund bei der Welthundeausstellung Shows geben zu können und habe dabei viel von ihnen lernen dürfen. Es ist eine Freundschaft zwischen mir und den beiden US-Amerikanern entstanden, die bis heute anhält.
Neben unzähligen Hundefrisbeeseminaren habe ich mit meinen beiden Hunden Ben und Kira mittlerweile auch etliche Shows für diverse Veranstaltungen geben dürfen. Seit 2004 bin ich auch als Hundefrisbee-Leistungsrichterin tätig und habe 2005 die Hundefrisbeeorganisation Eurodiscdogs gegründet.

Ben

Im Juni 2000 ist mir Ben während meines Urlaubs in Polen zugelaufen. Er war damals ca. acht Monate alt. Dass Ben ein aktiver Hund ist, der viel Bewegung braucht, war mir bewusst, da ich ihn bereits in Polen als „schwarzen Blitz" kennengelernt hatte. Zu Hause angekommen musste ich dennoch trotz dreistündiger Spaziergänge feststellen, dass dieser in Polen recht umgängliche

Ben ist zweifellos ein ganz besonderer Hund.

Hund sich als Problemhund entpuppte. Nach einiger Zeit fiel mir auf, dass ein Großteil seines Problemverhaltens aus geistiger Unterbeschäftigung resultierte, und so machte ich mich auf die Suche nach einem Hundesport, bei dem Ben geistig und körperlich gefordert wurde. Im Internet habe ich eine Hundefrisbeeseite entdeckt. Daraufhin bestellte ich gleich unsere ersten Hundefrisbeescheiben, um zu testen, ob dieser Sport etwas für uns ist. Ben fand die Scheiben sofort toll und nachdem wir beide die Grundlagen beherrschten, lernte er fast wöchentlich neue Elemente. Es schien so, als ob er nie etwas anderes gemacht hätte.
Ungefähr ein Jahr, nachdem wir just for fun mit Hundefrisbee angefangen hatten, folgte unser erster Wettkampf. Zu dem Zeitpunkt (August 2002) gab es nur noch die Europameisterschaft in Holland als letzten Wettkampf des Jahres.
Es war die erste Hundeveranstaltung, die

Ben und Karin Actun 2004 in Houston …

Ben und ich besuchten, und wir wurden trotz eines Starterfeldes von 100 Hunden Europameister. Obwohl zahlreiche Border Collies und Australian Shepherds am Start waren, wurde ausgerechnet mein ehemaliger Streuner Europameister. Dies war der Beginn unserer ungewöhnlichen Hundefrisbee-Karriere. Als frischgebackene Europameister gewannen wir einen Gutschein für einen Flug nach Amerika, um an der „Ashley Whippet Invitational Classic“ 2003 teilzunehmen. Da Ben sich auch in den darauffolgenden Monaten stetig weiterentwickelte, beschloss ich, diesen Gutschein einzulösen. Ich musste Bens Talent unbedingt in dem Ursprungsland des Hundefrisbeesportes zeigen, in dem der Sport seit 1974 betrieben wird. Wir flogen also nach Chicago und machten sogar dort den ersten Platz. In diesem Jahr wurden wir Vizeweltmeister, erneut Europameister und Deutsche Meister. Im Folgejahr haben wir zwei Mal in Amerika an Wettkämpfen teilgenommen und haben es als erstes und bis heute einziges europäisches Team geschafft, den Weltmeistertitel zu erringen.

Mittlerweile ist Ben 11 Jahre alt und nach wie vor der erfolgreichste Frisbeehund Europas. Ben ist auch nach mittlerweile 9 Jahren Hundefrisbee fit wie ein Turnschuh und braucht auch heute noch Hundefrisbee als wichtigen Ausgleich. Durch Bens ungewöhnliche Leistungen habe ich diesen Hund, der früher ein Problemhund war, mit anderen Augen sehen können. Durch den Sport haben Ben und ich zueinandergefunden, weshalb Hundefrisbee einen ganz besonderen Wert in unserem Leben hat.

An diesem Tag wurden beide Weltmeister.

Kira wurde zwei Mal deutsche Vizemeisterin.

Kira

Am 01.04.05 hat mein zweiter Hund, ein Australian Shepherd, im Alter von vier Jahren zu mir gefunden. Ihre Besitzerin rief mich mit der Frage an, ob ich Kira nicht bei mir aufnehmen könnte, weil sie sie abgeben müsste. Kira war damals schon frisbeebegeistert und sollte auch bei ihrem neuen Besitzer ihrer großen Leidenschaft nachgehen können. Da Kira perfekt zu Ben passte und ich mich sofort in diesen Hund verliebte, nahm ich sie bei uns auf.

Nachdem sie nur ein halbes Jahr bei mir war, ist Kira bereits Deutsche Vizemeisterin geworden, was mich unheimlich stolz gemacht hat. Noch ein paar Tage vor der Deutschen Meisterschaft war ich mir sicher, dass wir improvisieren müssten, da eine Kür mit Kira bis dahin nicht möglich war. Sie fand Apportieren nicht besonders wichtig und so kam es immer wieder vor, dass mir für bestimmte Sets Scheiben fehlten. Am Tag der Deutschen Meisterschaft hat sich das lange Apportiertraining ausgezahlt. Zum ersten Mal konnten wir unsere Kür wie geplant vorführen. Kira liebt es wie Ben, vor Publikum zu spielen, und ich denke, beide wissen, wann es darauf ankommt. Kira hatte bisher nicht so viele Möglichkeiten, an Wettkämpfen teilzunehmen, wie Ben, denn durch meine Tätigkeit als Hundefrisbeedozentin habe ich nicht mehr so viel Zeit, an zahlreichen Wettkämpfen teilzunehmen, wie als Studentin. Dennoch ist Kira zweimal Deutsche Vizemeisterin geworden. Ben hat bei beiden Wettkämpfen nicht eingesehen, Kira den Vortritt zu lassen. Zudem hat sie zweimal den 3. Platz auf Europameisterschaften belegt.

Kira liebt es zu arbeiten und ist immer mit viel Eifer und einer unglaublichen Freude bei der Sache. Sie übertrifft Ben bei Weitem in ihrer Geschwindigkeit und hat ebenfalls wahre Weltmeisterqualitäten.

Service

Die wichtigsten Begriffe

Backhand-Wurf Rückhand-Wurf > S. 32

Backvault Rückenabsprung > S. 66

Bridgevault Brückenabsprung > S. 65

Butterfly Beim Butterfly-Wurf dreht sich die Scheibe um die eigene Achse. Beim frontalen Butterfly steht der Hund vor dem Menschen, beim Tunnel-Butterfly läuft der Hund durch die Beine des Menschen hindurch. > S. 57

Drop Fallenlassen der Scheibe > S. 46

Flip Wird auch Backflip genannt. Dabei springt der Hund seitlich nach hinten. > S. 60

Floater Der Rückhandheber, ein kurzer Wurf bei dem die Scheibe nur senkrecht nach oben fliegt. > S. 31

Freestyle Als Freestyle wird das Spiel mit dem Hund mit mehreren Scheiben bezeichnet; die sogenannte Kür. > S. 71

Go around Wird oft auch „Go around the world“ genannt. Hier läuft der Hund um den Menschen herum, um die im Kreis geworfenen Scheiben zu fangen. > S. 55

Hoop Sprung durch einen „Reifen“, der aus Arm und Bein gebildet wird. > S. 62

Kneevault Absprung vom Bein > S. 68

Longdistance Beim Longdistance zählt der weiteste von drei Würfen. > S. 73

Minidistance Wird auch als „Throw and Catch“ bezeichnet. Das ist eine Wettkampfdisziplin, bei der mit einer Scheibe Punkte innerhalb eines Spielfeldes in einem Zeitraum von 60 – 90 Sekunden gesammelt werden. Das Spielfeld ist dabei in Zonen eingeteilt. Je nach Weite der Würfe gibt es unterschiedliche Punkte. > S. 71

Multiples bestehen aus mindestens drei gefangenen Scheiben, die in einer schnellen Abfolge geworfen wurden. > S. 56

Nase der Scheibe vorderer Winkel der Scheibe > S. 28

Over Körperübersprung > S. 61

Overbelly Sprung seitlich über den Bauch des Menschen > S. 62

Overknee Sprung über das angewinkelte Bein > S. 62

Overleg Sprung über das Bein > S. 62

Overthigh Sprung über beide Oberschenkel > S. 62

Passing Der Hund läuft am Menschen vorbei, um die nächste Scheibe zu fangen. > S. 50

Sidearm-Wurf Vorhand-Wurf > S. 35

Spin/Drall Eigendrehung der Scheibe > S. 28

Stall das Verweilen auf dem Körper des Menschen > S. 65

Take Hinhalten der Scheibe > S. 56

Thumber Daumenwurf > S. 34

Vault Körperabsprung > S. 63

Zum Weiterlesen

Mühlbauer, Brunhilde:
Hunde richtig massieren. Cadmos 2004

Rauth-Widmann, Brigitte:
1 x 1 der Rohfütterung –
Hunde artgerecht ernähren mit BARF. 2009

Tellington-Jones, Linda:
Tellington-Training für Hunde. 2010

Nützliche Adressen

Internationale Frisbeeorganisationen

Wen Sie mehr über das Regelwerk oder Sonstiges der größten drei Frisbeeorganisationen wissen möchten, finden Sie diese unter folgenden Links:

United Frisbee Organisation (UFO)
www.ufoworldcup.com

US Disc Dog Nationals (USDDN)
www.usddn.com

Skyhoundz
www.skyhoundz.com

Hilfreiche Links

Die Herowurfscheiben gibt es direkt bei Hero in Amerika unter www.herodiscusa.com

Die Eurodisc und viele andere Hundefrisbeescheiben gibt es bei New Games unter www.frisbeeshop.de

Wettkämpfe werden u. a. von den Eurodiscdogs ausgetragen: www.eurodiscdogs.de

Meine Seminartermine gibt es unter www.sky-dogs.de

Register

Bildnachweis

164 Farbfotos wurden von Julian Stratenschulte/Kosmos für dieses Buch aufgenommen.
Weitere Farbfotos von Ashley Whippet Museum (1; S. 11), John Bruininck (7; S. 19 alle drei, 20 beide, 21 oben), Steven Donahue, seespotrunphoto (1; S. 56 unten), Danny Eggleston (1; S. 65), Katja Münch (3; S. 58 oben, 72, 73); Marion Schaefer, Düsseldorf (1; S. 71), Barabra Scheffler (4; S. 59 alle drei oben, unten links), © Swift Shot Imaging, www.swiftshot.com (1; S. 83), Klaus Wiekenberg (1; S. 80), Mark D. Wink, Wink Action Photography, LLC (1; S. 85).

Impressum

Umschlaggestaltung von eStudio Calamar unter Verwendung von zwei Farbfotos von Julian Stratenschulte/Kosmos.

Mit 189 Farbfotos.

Unser gesamtes lieferbares Programm und viele weitere Informationen zu unseren Büchern, Spielen, Experimentierkästen, DVD, Autoren und Aktivitäten finden Sie unter **www.kosmos.de**

Gedruckt auf chlorfrei gebleichtem Papier

ISBN 978-3-440-12556-4
Redaktion: Alice Rieger
Gestaltungskonzept: eStudio Calamar
Gestaltung und Satz: Atelier Krohmer, Dettingen/Erms
Produktion: Eva Schmidt
Printed in Germany / Imprimé en Allemagne

Alle Angaben in diesem Buch erfolgen nach bestem Wissen und Gewissen. Sorgfalt bei der Umsetzung ist indes dennoch geboten. Autorin und Verlag übernehmen keinerlei Haftung für Personen-, Sach- und Vermögensschäden, die aus der Anwendung der vorgestellten Materialien und Methoden entstehen können.

FSC www.fsc.org
MIX
Papier aus verantwortungsvollen Quellen
FSC® C022125